玉的传奇故事

胡杨 著

人民东方出版传媒
People's Oriental Publishing & Media
东方出版社
The Oriental Press

图书在版编目（CIP）数据

玉的传奇故事／胡杨 著. —北京：东方出版社，2023.7
ISBN 978-7-5207-3455-4

Ⅰ.①玉…　Ⅱ.①胡…　Ⅲ.①玉石—文化—中国　Ⅳ.①TS933.21

中国国家版本馆 CIP 数据核字（2023）第 088568 号

玉的传奇故事

(YU DE CHUANQI GUSHI)

作　　者：胡　杨
责任编辑：王　萌
责任审校：金学勇
出　　版：东方出版社
发　　行：人民东方出版传媒有限公司
地　　址：北京市东城区朝阳门内大街 166 号
邮　　编：100010
印　　刷：天津图文方嘉印刷有限公司
版　　次：2023 年 7 月第 1 版
印　　次：2023 年 7 月第 1 次印刷
开　　本：787 毫米×1092 毫米　1/16
印　　张：13.5
字　　数：110 千字
书　　号：ISBN 978-7-5207-3455-4
定　　价：128.00 元
发行电话：(010) 85924663　85924644　85924641

自 序

　　自 2001 年在西安首次接触玉和了解玉文化算起，入行并创业已有 20 余年，在业界算是小有成就，我非常知足。只有一件事让我头疼，就是深感传艺难，传道更难！

　　玉是中国传统文化的重要组成部分，所以喜欢玉的人很多。但是，缺乏权威的读物和专业的讲解，导致懂玉的人又太少！

　　我有个聪明可爱的儿子，他从小就很喜欢玉。3 岁的时候，他就泡在玉堆里玩耍；6 岁的时候，他开始问我一些玉的专业知识；9 岁的时候，他对玉的历史和相关故事开始感兴趣，想给他买几本这方面的书，可惜四处都买不到。

　　因此，我开始关注和研究这个问题。我惊讶地发现，虽然我国的玉文化源远流长，关于玉的传奇故事有很多，但是鲜有人编著成书，某些图书、影视作品和网络上的记载内容都很零碎，不成体系，语言也不生动，有的故事缺乏逻辑性，前后矛盾，给读者造成了很多困扰。

　　我在部队工作期间，也喜欢舞文弄墨，发表过几部长篇小说并获奖，2009 年加入了中国作家协会。自主择业离开部队后，我创办了北京玉经堂珠宝有限公司，发展壮大后又收购了玉器百年老字号"玉蚨祥"，目前算是行业的领军企业，不仅在京城闻名遐迩，也在其他省市开了直营店。

我作为玉器行业的从业者，经过多年的沉淀和实践，自认为懂一点玉，也懂一点写作，就有了为广大喜欢玉的大朋友和小朋友们写一本入门读物的想法。

我的创作思路是，既要把玉文化的传奇故事讲精彩，也要把玉的基本知识说明白，所以精心选取和打磨了 15 个故事，涵盖了不同的代表性玉种，既有和田玉，也有翡翠，还有独山玉，等等。在结构设计上，我在文前特意交代了故事背景和文献来源，每章还安排了"知识链接"和"拓展阅读"等提示环节，这些设计都是我的用心之处。文字风格也追求通俗易懂，具有一定的口语化特点，读起来轻松愉快，因为我希望 9 岁以上的读者都能喜欢这本书。

本书既适合广大玉器爱好者阅读，也适合青少年学习优秀传统文化之用。

玉在人们的心中有着至高无上的地位，经过数千年的文化积淀，它已经成为国人的一种信仰，崇玉、敬玉、爱玉、佩戴玉，是中华民族的一大特色和现象。前人给我们留下了光辉灿烂的玉文化宝库，吾辈应在这宝库中不断地向内学习探索，同时又向外延伸开拓，讲好中国故事，传播中国声音，提高中华文化的影响力。

是为序。

胡　杨

辛丑年春

目录

第一篇
女娲采玉补天

今天要讲述的是一个我们既熟悉又陌生的神话故事，故事的主角叫女娲。

女娲，既是中国上古神话中的创世女神，也是华夏民族的人文先祖，还是福佑社稷之正神。

"往古之时，四极废，九州裂，天不兼覆，地不周载；火爁（làn）焱而不灭，水浩洋而不息。猛兽食颛（zhuān）民，鸷（zhì）鸟攫（jué）老弱。于是女娲炼五色石以补苍天，断鳌足以立四极，杀黑龙以济冀州，积芦灰以止淫水。苍天补，四极正；淫水涸，冀州平；狡虫死，颛民生。"

这段话出自古籍《淮南子·览冥训》（西汉），介绍的是神话人物女娲补天的故事。

女娲补天的神话传说由来已久，除了《山海经》《淮南子》外，《列子》（战国）、《论衡》（东汉）、《三皇本纪》（唐）等古籍均有记载，一辈又一辈地延续下去，在每个人的启蒙教育中都留下了深深的烙印，影响着一代又一代人的成长。

那么问题来了，女娲为什么要补天？她是用什么来补天的呢？她又是怎么补的呢？

盘古开天，女娲造人

在远古时代，人类还没有今天大家所讲的"宇宙"这个概念，人类对自然界的认识处于模糊和想象状态，那么古时候人们心中的大千世界究竟是怎样的呢？今天，人们可以从一部奇书中找到答案，它就是《山海经》。

据《山海经》记载，世界像一个硕大无比的龙蛋，古人所讲的世界混沌，指的是蛋的内部结构。盘古是龙的儿子，长相很特别，龙首蛇身，长着双臂，手持神斧。这个龙蛋在空中飘浮，里面一片漆黑，什么都看不到，随着时间的推移，盘古的身体越长越大，待在蛋里面很不舒服，于是他就伸开双臂，用神斧砍破龙蛋。从此，光明出现了，龙蛋一分为二，才有了天和地。

古人所说的天和地，其实就是我们今天所说的宇宙。龙蛋破壳之后，盘古的眼睛变化成日（左）月（右），呼吸为风，声音为雷，须发为星辰，骨骼牙齿为金银铜铁玉石宝藏，手脚四肢变成山脉，血液化为江河，汗水化为雨露，皮肉为土壤，筋脉为道路，毫毛为草木等植物，精灵化为鱼虫鸟兽等动物，于是万物始生，唯独没有人类。

传说中的女娲是一位善良而美丽的女神，相传她是华夏民族的母亲，女娲用黄土仿照自己的形象造了人，创造了人类社会，让这个世界充满了生机与活力。

知识链接

　　《山海经》是中国志怪古籍，大约是从战国中后期到汉代中叶，由楚国和巴蜀地方的文化人所著，现代的学者认为《山海经》最终成书是经历了一段时间的，是许多人智慧的结晶，并非一个人独立创作的。这是一部古代山水物志，原著共22篇，约32650字，全书现存仅18篇，其余篇章内容早已遗失。我们看到的这18篇中，藏山经5篇、海外经4篇、海内经5篇、大荒经4篇。《山海经》内容主要是民间传说中的地理知识，包括山川、地理、民族、物产、药物、祭祀、巫医等。保存了包括夸父逐日、女娲补天、精卫填海、大禹治水等不少脍炙人口的远古神话传说和寓言故事。

　　这是一部充满神奇色彩的作品，内容包罗万象，蕴藏着丰富的地理学、神话学、民俗学、科学史、宗教学、民族学、医学等学科的宝贵资料，其学术价值涉及多个学科领域，它有条理地记载了远古中国的自然地理要素及人文地理的内容，如山系、水文等地理知识，及动物、植物、矿藏、经济、社会文化风俗等。

二神打架天崩地裂，女娲救人采玉补天

人类是虚荣心和占有欲很强的高级动物，为了名和利会产生摩擦和矛盾，甚至你争我斗。神仙有时也不例外。

传说有个叫共工的水神，还有个叫祝融的火神，他们为了名利开始较量，拳打脚踢，刀枪相向，从天上一直打到地上，后来祝融成了赢家，水神共工失败后不服输，发怒一头撞向了一座山。这一撞山崩地裂，支撑天地之间的大柱被撞断，天倒下了半边，出现了一个很大的窟窿，接着大片的森林火光冲天，洪水从地底下喷涌而出，龙蛇猛兽也出来吞食人类。

天地破损，人类已无处容身，面对使人无法生存的灾难，必须得有人把天补上才行。在这个最危险的时候，女娲作为人类的母亲，做出了惊人的举动，挺身而出，立志凭一己之力补天。

女娲用什么来补天呢？

普通的石头肯定不行，不但硬度不够，颜色也不好看，女娲决心用有神奇功效的五色石补天。

说到用五色石，大家是否也有这样的疑问，女娲为什么用五色石呢？五色石是否存在？如果存在，它在我国哪个地方呢？

相传女娲在昆仑山顶炼就五色石，成就了后续补天的神话传说。经过勘测昆仑山的玉石分布情况，确定了昆仑山和田玉这种玉石具有五色，刚好符和五色石的说法。

和田玉是我国新疆和田地区盛产的，有五种主色：白、青、墨、碧、黄，中国传统国学经典著作《易经》所指的五行的颜色，即金、木、水、

女娲补天

火、土，五色化万色，五行化万物，颜色深浅交融，变幻无穷，在人们心中是和谐、富贵、美好的象征，这也说明和田玉的文化非常悠久。

在我们熟知的这个神话故事中，记载的都是女娲用五色石补天，而不用单色石补天。玉有三色即为神石，更何况有五色，这也说明了古人对玉的崇敬。

知识链接

《易经》是中国先贤阐述天地世间万象变化的古老经典，是博大精深的辩证法哲学书。包括《连山》《归藏》《周易》三部易书，其中《连山》《归藏》已经失传，现存于世的只有《周易》。

《周易》，相传系周文王姬昌所作，内容包括《经》和《传》两部分。《经》主要是六十四卦和三百八十四爻，卦和爻各有说明（卦辞、爻辞），作为占卜之用。《传》包含解释卦辞和爻辞的七种文辞共十篇，统称《十翼》，相传为孔子的弟子所撰写。

《周易》内容极其丰富，涉及哲学、政治、生活、文学、艺术、科学等诸多领域，是中国传统思想文化中自然哲学与人文实践的理论根源，对中国几千年来的政治、经济、文化等各个领域都产生了极其深刻的影响，是中华民族五千年智慧的结晶，也是中华文明的源头。

玉出昆仑

如此神奇的五色石是怎么被发现的呢？

远古时代，人烟稀少，交通不便，女娲翻山越岭，历尽艰险，最后来到我国西部的昆仑山，她在这里终于看到了希望，不仅山里埋藏着她需要的五彩玉石，山下的河道里也随处可见。

我们可以想象，在偏僻遥远的西部，昆仑山处于纯天然状态，如同仙境，山上白雪皑皑，山下河道蜿蜒曲折，河水清澈明净，河边绿树成荫，令人流连忘返。昆仑山地下蕴藏着无数珍贵的宝藏，山下随着流水的冲刷，河床里也随处可见五彩斑斓的玉石。

女娲一共采集到了三万六千五百零一块五色玉石，最后用了三万六千五百块。找到这种奇特的五彩玉石，对女娲来说只是补天计划的第一步。想补天并不容易，接下来还面临着许多困难。这些五彩玉是坚硬的固体，必须烧炼变成液体之后才能派上用场。

可是去哪里炼石呢？炼石的地方非常重要，同样需要天时地利人和，女娲寻遍群山最终选择在天山的主峰——博格达峰，因为这里山高顶阔，水源辽阔，玉也居多，综合下来是炼石最理想的地方了。此前闯下大祸的火神祝融赶来了，使出火焰神功，在昆仑山烧了七七四十九天，才将女娲找来的众多的五彩玉炼成了液体。

女娲凭借坚定的信念和毅力，一次又一次飞上天空，亲自动手用五色玉的熔液修补天上的窟窿和裂缝。费了许多周折之后，天上的窟窿和裂缝终于完全修补好了。

　　从此以后，天地又重新恢复了它的秩序。人们不再遭受自然灾害的频繁袭击，天空变得更加美丽了。随着气候变化，晴天有蓝天白云，雨天还有颜色变幻无穷的彩虹，按照神话传说的说法，今天的人们之所以能够看到这些迷人的景色，全是女娲娘娘补天的功劳！

　　女娲补天后，洪水归道，烈火熄灭，天地定位，普天同庆，经过女娲的不懈努力，天地和大自然又恢复了常态，人类又可以追求幸福的生活了。

　　时代在发展，人类在进步。重温女娲补天的感人故事，虽说这只是一个神话传说，但这里面一方面蕴含着古人敬畏天地，向善向美，巧用自然界的珍贵宝物，保护自然环境的哲理；另一方面折射出女娲娘娘作为女神的责任和担当，在人类灾难来临时，她勇敢地站出来拯救人类。

　　这个世界需要我们用智慧和爱心共同守护，更需要一群如同女娲娘娘那样，能够在危急时刻及时站出来维护人类社会秩序的有责任感有担当的人。五色石的故事流传千年，带给人们无数的遐想和鼓舞，它告诉人们，只要努力，就能够战胜客观环境带来的限制，带来新的改变和机遇。五色石虽然是天然的宝物，但是它能够发挥作用还是源于女娲对于它的价值的发现和使用。和田玉是稀缺的宝物，因此它的价值也需要更多人看见和守护。

　　拓展阅读

　　中国四大名玉之首——和田玉（另外三个是陕西蓝田玉、辽宁岫玉和河南独山玉），从远古时代就名扬天下。《千字文》中有"金生丽水，玉出昆冈"之说，昆冈指的就是今天我们常说的昆仑山。

　　中国的玉文化源远流长。在原始社会的石器时代，聪明的人类发现玉的硬度比普通石头的硬度要高，于是在简单的打磨之后用作狩猎的工具；在商周时代，玉的造型和纹饰逐渐丰富起来，成为祭祀用的礼器；在春秋战国时期，玉的制作更加精美和精致，玉已经作为儒家思想文化传播的载体，赋予了更多的文化价值。自秦朝开始，以玉玺为代表的玉器成为君权的象征，一直沿袭到清代。

中国古代对玉的颜色非常重视，它不仅是质量的重要标志，而且含有一定的意识形态内涵。古人受五行说的影响，依四方和中央分配五色玉，东方为青，南方为赤，西方为白，北方为黑，中央为黄。古代以青、赤、黄、白、黑五色为正色，其他为间色，从而将玉也分为五色，但和田玉实际上只有白、青、墨、碧、黄五种主色。

随着时代的变化，现在人们对玉文化有了更高层次的认知，在生活中佩戴玉器，代表着一种文化和品位。中国玉文化的神奇魅力，是传播中国文化，讲好中国故事，热爱美好生活的生动体现。

第二篇

传国玉玺——和氏璧

和氏璧，是中国历史上最著名也最具传奇色彩的一块玉。

它曾经影响着中国历史的进程，历代帝王为了得到它，动用各种谋略和手段，甚至不惜发动战争，引发一系列带有历史印记的传奇故事……

知恩图报的凤凰神鸟

公元前 750 年前后，是历史上的东周列国时期，也叫春秋战国时期。楚国荆山脚下（今湖北省南漳县境内）住着一户民间医生世家，以采药行医为生，在当地有一定名气。

一天清晨，这家的男主人卞和与往常一样，迎着晨露上山采药。

山大沟深，烟雾弥漫，时值秋天，山坡上的红叶若隐若现，就在他转了一个大弯，沿着小道继续行走时，前面山谷中传来了鸟的叫声。

鸟的叫声在山谷里经常出现，但今天的叫声却非同寻常，听上去节奏激烈又有些凄凉。这种哀鸣之声引起了卞和的好奇，于是他转过身来，循着鸟的叫声走了过去，他发现有一只他从来没见过的非常漂亮的鸟，长得特别像传说中的凤凰，被猎人布下的网套住了。

这只鸟看到他以后非常恐惧，叫声更加悲惨，吃力地扇动着翅膀挣扎，想重新获得自由，但它越挣扎网套得越紧。

卞和是有名的中医，心地非常善良，遇到没有钱的病人，他也会治病救人，更何况是只讨人喜欢的小鸟呢！他走上前去小心翼翼地解开网套，放走了这只鸟。

从困境中脱身的小鸟似乎很通人性，它在卞和身边转了一圈并没有马上飞走，后来卞和对小鸟挥了挥手，说："你快走吧，以后要小心了，下次就不一定能遇到我了。"

小鸟很有灵性，听后在他头顶盘旋了几圈才慢慢飞去。

卞和采完药回到家已经天黑了，他把今天的事情告诉了母亲，母亲表扬了他，说他今天遇到的鸟就是凤凰神鸟，很多年前她也曾经遇见过这只凤凰神鸟，传说凤凰神鸟不落无宝之地，落下的地方就会有宝贝出现。

第二天，卞和上山采药时，这只凤凰神鸟又出现了，在他面前不停地飞旋，接着又往前飞到一个山包上落下来鸣叫，似乎在召唤他。

卞和走到凤凰神鸟跟前时，叫声突然停止，接着凤凰神鸟跳到一块外壁裹着污泥秽土的石头上啄，之后又抬起头看着卞和鸣叫，这种连续动作重复了许久，便飞走了。

连续三天，卞和进入山谷不久就会遇到这只凤凰神鸟在头顶盘旋，之后便落在那块石头上边啄边叫。

卞和心想这只凤凰神鸟是通人性的，救了它一次便生出像朋友一样的感情，但为什么要引导他来到这块石头面前边啄边鸣叫呢？

他心生疑惑，又无法理解鸟语，搞得有点莫名其妙，坐在石头前思考了一会儿，天色向晚，便与凤凰神鸟告别了。

就在这天晚上，他做了一个梦，梦中有一位身着红袍的美貌姑娘轻轻地来到他身边，拍打他的肩膀，告诉他自己就是白天他见到的那只凤凰神鸟，为报答救命之恩引导他来到石头旁边，希望他能将这块不起眼的石头拿回家。

他记得凤凰神鸟还说，这块表面普通的石头不是一般的石头，里面有价值连城的美玉。

是梦幻还是现实？第二天清早他就上山去找那块石头了。

当他将这块石头搬起来仔细观看时，那只凤凰神鸟又出现在他的头顶，叫声欢快动听。惊喜之后，他就把这块石头装进了背篓。下山时，这只凤凰神鸟一直在他头顶翻飞，直至送他走出山谷，才转身消失在群山之中……

知识链接

　　楚国（？—前223年），又称荆、荆楚，是先秦时期位于长江流域的诸侯国。楚国在春秋时期楚成王时代开始崛起，不断兼并周边各小诸侯国。楚庄王时，任用虞邱子、孙叔敖等贤臣，问鼎中原，打败晋国而称霸，楚国进入春秋时期强盛的时代。进入战国，楚悼王任用吴起变法，当时兵强马壮，初露称雄之势。楚宣王、楚威王时期，疆土幅员广阔，进入了鼎盛时期。楚怀王时期攻打越国，因为楚怀王用人不当以及秦相张仪欺诈导致国力衰落。公元前223年，秦军攻破楚都寿春，楚国灭亡。

阅读启示

　　知恩图报，这是自然界凡是有灵性的一切动物的特质，如果我们留心，经常会看到这种感人的画面。凤凰神鸟身陷困境，在命悬一线的关键时刻被一个采药人相救。对下和来说，这只是举手之劳的事情，但凤凰神鸟却通人性，为了报恩引导自己的恩人得到宝物，试图给他带来福音，这种举动值得我们人类学习。在现实生活中，懂得感恩，就能赢得更多人的尊重，也会给自己带来意想不到的机遇和收获。在我们中华民族几千年来形成的优秀传统品德中，知恩图报是每个人走向社会的安身立命之本，这不仅是共同创造和谐社会的最基本要求，而且也是一个人自我修养的重要体现。

有眼不识荆山玉

卞和回到家之后，面对这块在普通人眼中非常不起眼的石头仔细研究了好几天，仍没有看出特别的地方。这块看似普通的石头能给他带来好运吗？

时间长了，他发现这块石头还真是与众不同，不但冬暖夏凉，而且蚊蝇不近，非常神奇。

作为一名普通的百姓，虽说这是十分珍贵的宝贝，但放在简陋的茅屋里显然没有什么价值，他思前想后，决定将它献给国家。

老实本分的卞和向家乡的官员报告了自己的想法，家乡的官员又报告给了楚国的国君楚厉王，楚厉王听到有人要献宝很好奇，通知卞和带着宝物来王宫，他要亲自接见。

卞和走进金碧辉煌的大殿，紧张得有点儿不知所措。

高高在上的楚厉王看着卞和问道："你要献什么宝物？"

卞和高高举起那块黑乎乎的石头，对楚厉王说："禀报大王，小民前来献的宝物就是它。"

楚厉王听后非常兴奋，接过石头后抱在怀里端详半天，愣是没看出来什么名堂，急忙传唤王宫里的玉匠前来辨认。

不一会儿，几个衣着打扮十分光鲜，吃得肥头大耳的玉匠来了，他们围上前看了一会儿，有人伸出手指弹了弹，听上去沉闷喑哑无脆声；有人撩起袖子摸了摸，感觉石头上的芒刺粗糙硌人手；又有人掂了掂，发现石质坚硬重量不轻。

他们交谈了几句，得出肯定的答案后，便将目光投在衣衫破烂的献宝人身上，接着哈哈大笑。

楚厉王急切地问："这是宝物吗？"

年纪最大的老玉匠回答："禀报大王，这只是一块顽石，怎么能是宝物呢？真正的美玉可不是这样的。"

楚厉王顿时转喜为怒，站起来说："草民卞和，竟敢在殿堂之上糊弄本王？该当何罪？"

卞和突然激动了，他站起来说："这真是宝玉呀，大王！"

楚厉王很不耐烦，挥手说："大胆草民，还敢戏弄本王，把他赶出去，砍掉一只脚！"

卞和这次进宫献宝，来的时候好好的，回去的时候少了一只脚。真是一腔热血惨遭横祸，一片忠心招来灾难。

卞和虽然悲愤难平，却又无处申冤。

几年之后，楚厉王去世，楚武王继位。卞和不甘心又来献宝，没想到这个新的国君仍不识货，很草率地看一眼卞和带来的石头，命人将卞和拖出大殿，以欺君之罪，砍掉了他另一只脚。

进殿献宝的卞和失去了双脚，行动更加不方便，再也不能进山采药了，他失去了生活来源，只能依靠别人的施舍度日。于是，他每天抱着那块石头坐在四处透风的茅屋里，望着窗外以泪洗面，不久就哭瞎了双眼，但他献宝之心百折不回，仍然没有放弃自己的信念，顽强地生活着。

时光流逝，几年后楚武王去世，新的接班人上任，这个人就是楚文王。

卞和献宝前是一个救死扶伤的中医，本来就很有名气，后来因为献宝获罪，失去了双脚变成残疾人，他的知名度更高了。

楚文王继位不久就听说了卞和的故事，于是便派身边的官员去调查真相。官员来到卞和的家里，问道："听说你的眼睛是哭瞎的，这是为什么呢？是因为欺骗君主被砍去双脚感到后悔吗？"

卞和说："是这样，也不是这样。"

官员问："你这话是什么意思？"

他回答："我的眼睛确实是哭瞎的，但不是因为失去双脚而后悔，我痛心的是这块石头明明是价值连城的宝玉，却没有人认识，楚国虽大，却没有识宝之人。我明明是老实人，却被认为是骗子，让我背上了欺君之罪的骂名，这不仅是我个人的屈辱，也是我们楚国的耻辱呀！"

官员回到楚国国都后，如实向楚文王做了汇报。

楚文王听后非常震撼，派人长途跋涉，把卞和与那块石头接到了宫里。

宫殿还是那座宫殿，依然金碧辉煌；石头还是那块石头，看上去并不起眼。楚文王抚摸着石头表面，询问站在身边的玉匠："卞和前后两次献宝，你们都说这不是宝玉，卞和为此失去了双脚。如果这块石头真是宝玉，你们又该当何罪？"

这些玉匠这次不敢信口开河了，变得小心谨慎起来，围过来轻轻地敲了几下石头说："是不是宝无法从表面评判，玉不琢，不成器，只有切开后才能见真相。"

楚文王命令玉匠在大庭广众之下切割这块石头。

玉匠们很小心地开始切割，当一小块石头表皮脱落之时，奇迹出现了，里面突然显露出一束亮光，接着继续往下打磨，顿时大殿里光芒四射，出现了五彩斑斓的神奇景象。

这块玉乃岁星之精，坠入荆山，化而为玉。从侧面看是碧绿的颜色，从正面看呈现的是白色，从不同的角度看，这块玉有不同的颜色。

除了卞和之外，所有人都没有想到这块石头里面竟然真的是价值连城的宝玉，楚文王喜出望外，先是重重地奖励了卞和，然后又命令玉匠把这

卞和献玉

(网络图片，请版权持有人尽快与我们联系，以便支付稿酬。)

块宝玉雕琢成玉璧，因为它是卞和发现的，所以便命名为"和氏璧"。

后来在民间流传的俗语——有眼不识荆山玉，指的就是和氏璧。自从这块和氏璧问世之后，楚文王和献宝人卞和都不曾想到，在接下来的历史长河中，这块和氏璧上演了一系列你争我夺，步步惊心，带有浓厚传奇色彩的故事……

知识链接

"玉不琢，不成器"，意思是如果玉不经过雕琢打磨，就不能成为有用的器物。比喻人不经过培养和锻炼，不经历各种磨难，难以成才。

阅读启示

　　民间常说，是金子总会发光。但大自然中各种矿藏及宝石在没有被发现之前，都会深藏地下无人知晓，它的价值无法体现出来，也不能造福人类，和氏璧的出现就验证了这个道理。如果没有献宝者卞和大公无私的精神和坚定的信念，也许它仍是一块普普通通的石头被放在家里，不能放出光彩。信念影响成败，自己认定的目标，遇到一些艰难险阻是很正常的事情，只要找到方法、不怕困难、百折不挠、坚持下去，目标就会实现。

不翼而飞的和氏璧

和氏璧一经问世，便成为楚国的镇国之宝。和氏璧在楚国历经几代帝王传承了 300 多年，后来却阴差阳错落到了另一个人的手里。

当时天下并不太平，战火四起。到了楚怀王时期，楚国为了争夺霸主地位，指派令尹昭阳指挥军队攻打魏国，夺取襄陵等地的军事战略要地，这场战争时间不长，史称"楚魏襄陵之战"，楚国最终成为赢家。

经历此次战争，楚国这个地处南方的小国摇身一变，综合国力和地位不断提升，具备了和齐、燕、赵、魏、秦、韩六国争雄的实力。

楚怀王是一个比较开明的君主，他深知国家的强大离不开指挥这场战争出生入死的将军，在嘉奖参战官兵之时，他特意把在宫里传承了几代君主的镇国之宝和氏璧赏赐给令尹昭阳。

在楚国，令尹这样的官位是一人之下，万人之上，能做到这样的官位绝不是一般的人，除了世袭贵族这个特殊身份背景，自己没有真本事是坐不稳的。这场战争使昭阳名利双收，声名显赫，前来祝贺的人络绎不绝。

出身豪门，身居高位，战功赫赫，国王赏赐国宝和氏璧，昭阳被这些光环冲昏了头脑，高兴得忘乎所以，天天在家里大摆宴席，每次都喝得酩酊大醉。

有一天，他在设宴招待宾客时，十分得意地将和氏璧拿出来给客人欣赏。对前来参加宴会的宾客们来说，这件传承了几百年的国宝，几乎都是听说过没见过，今天能一睹国宝当然是非常激动的事情。

当时参加宴会的人很多，除了喝酒作乐，还有乐队载歌载舞，整个宴会的场面相当热闹，许多宾客和昭阳本人都喝得站不稳脚跟，交流起来更是语无伦次。宴会进行到深夜才散去，所有的客人走了以后，昭阳才被家人喊醒，他突然发现摆放在桌上的国宝和氏璧不见了。

国宝和氏璧在令尹昭阳家里丢失，这是震惊楚国的重大案件，为了找到和氏璧，当天所有的宾客都成为被怀疑的对象，他们的住处都被翻了个底朝天，但查来查去也没有查出头绪来。

后来人们开始怀疑一个叫张仪的门客，理由是张仪很穷，当晚看和氏璧的时候神情最专注，转了几圈不愿离去。

战国时期盛行养门客，许多高官家里都养着一批这样的人，他们的身份和家奴是不同的，各有各的看家本领，平时吃喝玩乐领工资，当主人需要他们办什么事时，他们要效力甚至卖命。张仪身体不好，带兵打仗当然不行，但嘴皮子功夫很厉害，是很有名气的说客，善于做别人的思想工作。

张仪被抓后遭到严刑拷打，拒不承认自己就是盗贼，但人们仍坚持国宝就是他偷走的，昭阳将信将疑，虽然没有证据，最后还是将张仪投入大牢。

从此，和氏璧被何人所盗成了千古之谜。

若干年后，张仪设法逃到秦国成为秦王的座上宾，靠聪明才智和三寸不烂之舌当上了相国，他始终没忘当年遭受的不白之冤和奇耻大辱，萌发了报复楚国的念头……

知识链接

令尹，楚国在春秋战国时代的最高官衔，是掌握军政事务，发号施令的最高长官，其执掌一国事务，对内主持国事，对外主持战争，总揽军政大权，可以说是一人之下，万人之上。

相国，起源于春秋晋国，为"百官之长"，是战国秦及汉朝官员的最高职务。

阅读启示

中国有句老话，叫"不以出身论英雄"。张仪作为一个投靠在高官门下，靠别人供养的读书人，怎么会在主人家里偷东西呢？兔子不吃窝边草的道理他是懂的，自强自律是他的生存之道。那为什么他会被别人认为是盗贼而蒙受冤枉呢？最主要的因素是他的低微出身，以出身的高低来判断人，古代有，现在也有，这是戴着有色眼镜看人，往往会造成错误判断，害人也害己。所以不能说出身豪门或者说家境富裕的人，品行就一定很端正，出身低微的人就一定干坏事。

完璧归赵

谁也没有想到，多年以后，在楚国离奇失踪的无价之宝和氏璧又在赵国出现了。

那么它是怎么从楚国到赵国的呢？当年的盗贼究竟是何人？时至今日，这仍是一个不解之谜。

赵国有个叫缪贤的太监喜欢收藏，无意中遇到一个从别国逃来的落难商人，这个落难商人急需用钱，就把随身携带的锦盒交给缪贤，说这盒子里是一块玉，想拿这块玉换钱。缪贤打开一看，顿时欣喜若狂，凭自己练就多年的眼力和经验，他认为这就是楚国失踪多年的和氏璧，于是，他当即以五百两金子买了下来。

缪贤是个很有心计的人，但他不过是个太监而已，这么珍贵的宝物留在自己手里凶多吉少。思前想后，他趁赵惠文王过生日的时候，当着文武百官的面送给了赵王，赵王大喜，赏了缪贤一千两黄金。

历经上百年传承的楚国镇国之宝和氏璧，就这样成了赵国的镇国之宝。

和氏璧在赵国出现的消息不胫而走，引起了秦昭襄王的注意，他想把这块美玉据为己有，于是打起了歪主意。

纵观战国后期的历史，秦国自"商鞅变法"以来，逐渐形成霸主之势。赵国因为善于用人才，成为唯一可以和秦国抗衡的强国。

公元前 281 年（秦昭襄王二十六年），秦昭襄王派使者到赵国，表示愿意以城池来换这块玉。

但谁也没想到竟然是 15 座城池来换！换？还是不换？

赵惠文王拿不定主意，太监缪贤出主意说："秦国现在实力很强大，如果大王不同意换的话，可能会引起战争。和氏璧虽然天下无双，但当初是臣用 500 两金子换来的，现在秦昭襄王要拿 15 座城池来交换，这个生意太划算了。"

赵惠文王说："听说秦昭襄王阴险狡诈，我怕上他的当啊！派谁去当使者呢？"

这时缪贤向赵王推荐了一个叫蔺相如的门客。

赵王问："蔺相如有什么本领？你怎么知道他可以出使秦国呢？"

缪贤告诉赵王说："我以前曾经犯过大错，怕您治我的罪，就打算偷偷逃到燕国去。蔺相如知道后，劝阻我说：'你怎么知道燕王会接纳你呢？'我告诉他说：'我曾经跟随大王在边境上与燕王相会，当时燕王曾私下握住我的手，说愿意和我交朋友，遇到困难可以找他。因此，我决定到燕国去投靠燕王。'蔺相如听后说道：'赵强燕弱，而你又是赵王的宠臣，燕王才愿意和你交朋友。你得罪了赵王，如果逃到燕国去，燕王害怕赵国，绝不敢收留你，只会把你捆绑起来送回赵国。到那时，你的性命就难保了。你不如脱掉衣服，光着身子伏在腰斩人的斧子上，亲自去大王面前认罪请求处罚，大王宽厚仁慈，或许能够宽恕你。'我听后照着做了，大王您果然宽恕了我。因此我认为蔺相如足智多谋，又忠诚善辩，应该能够出使秦国圆满完成任务。"赵惠文王召见蔺相如之后，经过考察也认为他是比较合适的使者，于是便让蔺相如带着和氏璧出使秦国。

秦昭襄王见到蔺相如送来的和氏璧格外高兴，自己把玩半天后，又将和氏璧传给王后、妃嫔及百官观赏，却始终不提交换 15 座城池的事。

蔺相如看出秦昭襄王没有交换的诚意，灵机一动，计上心来，走上前说："这块玉虽说是无价之宝，但也是有点儿瑕疵的。"

秦昭襄王捧着和氏璧急忙问："瑕疵在哪儿？"

蔺相如走上前说："我来指给大王看。"

说话间，他快步上前捧起和氏璧，迅速退到柱子旁边，脸色铁青望着秦昭襄王说："大王喜欢这块美玉，写信给我们赵王，答应用 15 座城池来交换，我们赵王才派我来送宝。普天之下，国君也好，平民也罢，讲诚信是立国、立身、立命之本。赵王认为秦国是个大国，秦王不可能因为一块宝玉而失信，做伤害两国友好交往的事情，所以派我来出使秦国。这块和氏璧过去是楚国的国宝，现在是赵国的国宝，我对它毕恭毕敬，临行前净手焚香，吃素五天，才敢小心翼翼地守护着它来见秦王。但是，我没想到秦王对和氏璧的态度这么傲慢，把如此贵重的宝玉随便递给宫女和大臣把玩，这是对和氏璧的不敬，也是对赵国的不敬，我感觉秦王并没有用 15 座城池换和氏璧的诚意，我要把它带回赵国，你如果为难我，我现在就把和氏璧撞碎在柱子上，也不会交到你的手里。"

秦昭襄王被蔺相如说得面红耳赤，厚着脸皮笑着说："你误会了，误会了！我是秦国之王，岂能骗人？"

蔺相如冷静地说："口说无凭，如果大王要我相信，请告诉我秦国打算用哪 15 座城来换。"

秦昭襄王担心蔺相如真会把和氏璧撞碎，便说："我不会失信的。"然后让官员拿来秦国地图，用笔在地图上圈出来 15 座城，看上去一本正经的样子，很大气地告诉蔺相如，这 15 座城很快就会移交给赵国。

宫殿里的紧张气氛渐渐缓和下来了，蔺相如担心秦昭襄王是在虚与委蛇，便提出他要先拿到换取 15 座城池的文书，再献上和氏璧，并且秦国要选个好日子举行隆重的交接仪式，要让天下人都知道这件事情。

秦昭襄王狡猾地转了转眼珠，答应了他提出的要求，接着就派卫兵护送蔺相如出宫。

　　回到驿馆之后，蔺相如发现驿馆被秦王的军队围住了，他心如明镜，知道交换城池是根本无法实现的事情。于是在夜深人静之时，他让随员乔装打扮成驿馆的伙夫，怀里揣着和氏璧蒙混过军人的盘查，天一亮赶紧出城返回赵国。

　　这就是成语"完璧归赵"的出处。

完璧归赵

　　秦昭襄王得知和氏璧已被蔺相如送回赵国后非常愤怒，因为他想把和氏璧占为己有的事落空了。他想报复杀掉蔺相如，但大臣们劝阻说，即使两国交战，也不能斩来使，更何况现在秦国和赵国并未交战。

　　秦昭襄王气得咬牙切齿地说："马上让蔺相如这个家伙滚。和氏璧放在赵国也只是暂时替我保管而已，待我秦国成为霸主，我一定要把这个宝物抢回来。"

阅读启示

　　完璧归赵的故事，除了讲蔺相如忠于国家的气节，以及他足智多谋的外交谈判策略，还表达了诚信对最后结果的影响。

　　不要说一国之君，就是普通百姓，言而无信，也很难生存。守信誉，是立国之本，也是做人之本。不讲诚信，不守合约的人，总想占别人便宜，这是强盗逻辑，怎么能有好的结果呢？靠诚信做人做事，这才是真理。

和氏璧与传国玉玺

秦昭襄王虽然发誓要把和氏璧抢到手，但是他没有等到那一天就去世了。

若干年后，赵国终究没能保住和氏璧。

公元前 247 年，秦昭襄王的曾孙嬴政继位，被立为秦王。

公元前 228 年，秦国攻打赵国大获全胜。在秦王嬴政的心中，自己作为大秦帝国王位的继承者，能把和氏璧抢到手中，总算圆了自己的先祖想占有这稀世之宝的梦想。

和氏璧被秦王占有之后，并没有作为观赏之宝供奉在宫中，而是派上了更大的用场。

秦统一中国后，秦始皇令人将和氏璧制成了传国玉玺，并刻上"受命于天，既寿永昌"八字。据传这八个字是秦国丞相李斯受命所写的篆书，由当时宫中最有名的玉匠孙寿照字雕刻，被赋予至高无上的地位。

从字面来解释，这八个字代表着皇权来自上天的旨意，将会万寿无疆，永远昌盛。这是中国历史上第一枚象征皇权的玉玺，得之则象征其"受命于天"，失之则表示其"气数已尽"。

传国玉玺雕饰着腾龙的图案，玲珑剔透、巧夺天工，秦始皇自是爱不释手，视为神物。

从此，传国玉玺正式取代笨重的"九鼎"，成为历代王朝的最高权力象征，凡登皇位而无此玉玺者，则被讥讽为不正宗，显得底气不足，为世人所轻蔑。

这枚由和氏璧特制的玉玺就这样成了传国之宝，变身为合法皇权的最高标志。

传国玉玺自问世后，就开始了富有传奇色彩的经历。传说公元前219年，秦始皇南巡行至洞庭湖时，平静的湖面突然刮起大风，惊涛巨浪随风而起，秦始皇乘坐的大船眼看就要被风浪掀翻，船上的人吓得手脚发抖。

千钧一发之际，秦始皇把传国玉玺抛到湖里献给湖神，祈求湖神镇住风浪，保佑他的船队平安过湖。说来也奇怪，传国玉玺沉入湖里后，湖面很快就风平浪静。

船队靠岸后，秦始皇命令当地渔民下湖捞寻传国玉玺，找到者赏赐万两黄金。当地的渔民非常踊跃，可惜找了半年之久，却连传国玉玺的影子都没看见。

数年后的一天傍晚，当秦始皇的车队行至华阴县平舒道这个地方时，有个挂拐杖的老翁捧着一个锦盒站在道路当中，对秦始皇的侍从说："请将此宝物还给始皇。"说完这句话，老翁把锦盒交给侍从就走了，等这个侍从回过神来，老翁已经消失不见了，他甚至都没有看清楚来人的模样，只是觉得此事很是诡异，于是，赶紧快步赶到秦始皇的车前，向秦始皇报告了刚才的经历。

听闻这件事后，秦始皇也感到很好奇，他打开锦盒一看，顿时心头一颤，因为这盒子里面不是别的，正是他苦寻多年却始终没有找到的传国玉玺。

至此，传国玉玺又重新回到了秦始皇的手里。

不久之后，秦始皇驾崩，围绕着这枚传国玉玺发生了上千年的争夺战争，演绎出无数次血雨腥风、刀光剑影的历史故事。

知识链接

《说文》曰："玺，玉者之印也。"古人造这个字，从尔从玉，意为上天授予君王国家土地，而君王应当承天命而守之。或者说，以玉标志最高政权，君王用玉以执掌天下。在古代谁能拥有玉玺，谁才能称为名副其实的真龙天子。

玉玺，专指皇帝的玉印，是至高权力的象征。古代印、玺通称。专业称谓为宝玺。宝玺就是天子所佩的叫玺，官员所佩的叫印。皇后、皇太后所佩的也叫玺。

秦代以后，皇帝的印章专用名称为"玺"，因为料质是玉，所以叫"玉玺"，共有六方，为"皇帝之玺""皇帝行玺""皇帝信玺""天子之玺""天子行玺""天子信玺"，在皇帝的印玺中，有一方玉玺不在这六方之内，这就是"传国玉玺"。秦始皇时代用和氏璧雕刻这枚传国印玺，其方圆四寸，上雕交五龙，正面刻有李斯所书"受命于天，既寿永昌"八个篆字，以作为皇权神授、正统合法的信物。传说秦始皇统一六国后，用和氏璧制成传国玉玺，称之为"天子玉玺"。

传国玉玺的磨难

秦始皇去世之后，传国玉玺传给了秦二世，秦二世再传子婴。

公元前206年，汉高祖刘邦攻破秦朝国都咸阳，秦三世子婴手捧传国玉玺跪在路中，失去了帝王的威严，不得不以失败者的身份移交最高权力。

曾经雄霸天下的秦国仅三世而终。

汉高祖刘邦得到传国玉玺后正式称帝，还专门设置了掌管传国玉玺的官员，这名官员职务不高，但权力却很大，任何部门办理公文都需要他盖印才能生效。

从汉高祖刘邦开始，这枚传国玉玺深藏于汉朝皇宫中长达200年之久，直到王莽篡权时才有了变故。

西汉末年，汉室继位者弱小，刘邦打下的天下基本上由外戚辅政，汉元帝皇后王政君，母仪天下60余年，先后辅佐了4位皇帝。汉哀帝死后，太后的侄子王莽执掌军政大权，以太后名义立汉平帝为君，并把自己的女儿嫁给汉平帝做皇后，他在朝中渐渐独揽大权，野心也越来越大。

汉平帝死后，王莽立年仅两岁的刘婴为皇太子，王莽则代替刘婴临朝摄政，自称为"摄皇帝"，为抢夺皇帝位子做热身准备。但是，他的这个地位毕竟名不正，言不顺，为什么呢？

因为他当时并没有拿到代表汉朝最高权力的传国玉玺，王莽要想取代刘姓名正言顺地登上帝位，就必须得到象征着天命神授的传国玉玺，但是想要拿到这个国宝并不容易。

传国玉玺自汉哀帝去世后，就一直由孝元皇后王政君保管。王莽厚着脸皮向自己的姑妈王政君索要，却遭到老太后的一顿痛骂。

老太后骂道："王莽，多年来，你仰仗我才得以富贵，没想到你现在乘刘婴年幼，便想夺取刘姓天下，真是狼子野心。普天之下有你这样的亲戚吗？传国玉玺现在是刘家的，我不可能给你，你不要痴心妄想了。"

王莽为了能当上皇帝，早已把亲情抛之脑后，老太后不给他就上去抢。在抢夺之中，老太后把传国玉玺愤怒地摔在了地上。王莽急忙抱起玉玺查看，发现传国玉玺被摔坏了一个角，没有之前好看，他命令金匠用黄金镶补，这就是"金镶玉"的由来。

王莽虽然抢到了传国玉玺，但是他并没有坐稳江山，当时天下并不太平，战乱四起，王朝更替很快。

公元 23 年，刘玄率汉军攻克长安，将王莽杀掉，刘玄成为天下之主。此时距老太后去世已有 60 多年了，传国玉玺总算又回归汉朝。

两年后，赤眉军起义，刘玄兵败身亡，传国玉玺落到了起义军首领樊崇手里。

就在这一年，汉高祖九世孙刘秀起兵，自立为光武皇帝，后定都洛阳，接着围剿赤眉军，迫使樊崇投降。

传国玉玺又一次回归汉室，历史上这一时期称为东汉。

从刘秀开始，传国玉玺在东汉传了 12 代皇帝，历时 195 年。

东汉末年，天下大乱。先是外戚和宦官火并，继而引发董卓之乱。废少帝，立献帝，东汉王朝名存实亡，各地豪强割据。

曹操挟天子以令诸侯，形成了魏、蜀、吴三足鼎立的局面。

在长年的战乱中，传国玉玺历经磨难，多次易主。

长沙太守孙坚在征讨董卓的战争中，得到了这枚传国玉玺，欲据为己有。袁术得知此事后非常不满，孙坚是他的部下，却将国宝私藏家中，这还得了。袁术将孙坚夫人作为人质扣留起来，要换回这枚传国玉玺，没想到孙坚宁舍夫人不舍玉玺，袁术的计谋并没有得逞。

后来，孙坚在攻打江东刘表时中暗箭而死，他的儿子孙策为了给父亲报仇雪恨，便以父亲留下的传国玉玺为筹码，向袁术借兵攻打江东。

袁术喜出望外，传国玉玺当初是求之不得，现在送上门来了，哪能不要！袁术立即给了孙策数千兵马，还任命孙策为将军，全力支持他的复仇大业。

孙策率部经过血战，终于夺回江东六郡，他去世后，将掌管江东的重任交给了孙权。

袁术得到传国玉玺后，在寿春称帝，国号仲家，史称"仲家皇帝"。但他是个短命皇帝，在位仅两年多，就被曹操打败，病死于逃亡的路上。

曹操死后，他的次子曹丕继位。曹丕操纵文武官员，威逼汉献帝交出皇位。为了保住性命，汉献帝不得不把传国玉玺交给曹丕。曹丕是个戏精，故作推辞，"三让"之后才"答允"接受。

有了传国玉玺，曹丕心花怒放，自封为魏文帝，定国都为洛阳。至此，有过12位皇帝，历时195年的东汉王朝正式结束，三国时代的魏朝正式建立。6年后，曹丕病逝于洛阳，年仅40岁。

历史总是惊人的相似！

魏朝的皇帝都很短命，共有5位皇帝，到了魏元帝曹奂时期，手握兵权的奸臣司马炎想篡权当皇帝，把曹丕当年逼迫汉献帝让位的戏又演了一遍，司马炎抢到传国玉玺后自封为武帝，建国号为"晋"，史称西晋。

公元280年，西晋灭东吴统一中国，至此三国时期结束。

西晋末年，诸王争权，发生"八王之乱"，刘渊乘机起兵反晋，夺得传国玉玺。公元308年，刘渊正式登基，年号永凤；公元310年去世谥号光文皇帝。这时，传国玉玺已传承至十六国时期，这也是中国历史上的一段大分裂时期，持续了两百多年，是名副其实的乱世。这场乱世最后以公元589年隋朝灭南陈而结束，开启了中国人到现在都引以为豪的隋唐盛世。虽然乱世时间比较长，但传国玉玺仍然完好无损，传承有序。

唐朝灭亡后，中国历史进入五代十国时期，这又是一段近百年的乱世，天下四分五裂，王朝不断更迭。

公元936年，后唐大将石敬瑭起兵造反，为了能当皇帝，不惜以燕云十六州为代价，向契丹借兵攻打后唐国都洛阳。

李从珂是后唐最后一位皇帝，眼看无力抵挡石敬瑭与契丹军队的联合进攻，就带着传国玉玺爬上玄武楼自焚而死，熊熊大火烧红了半边天。

从此，传国玉玺下落不明。

传国玉玺当年真的是被一把大火化为灰烬了吗？还是被李从珂使了个障眼法，交给亲信带出城以图东山再起？

时至今日已千年之久，真相已经无法查明，传国玉玺的下落仍是一团迷雾。后唐被推翻后，以玉为玺的制度却保留了下来。

阅读启示

传国玉玺作为皇权的象征，自问世以来历经千年磨难，正统皇室的传承也好，谋权篡位的奸臣也罢，似乎都在击鼓传花，不知经过了多少人之手。当他们拿到这枚无价之宝时，真的就是"受命于天，既寿永昌"吗？事实并不是这样，纵观历史，有些皇帝得到传国玉玺后龙椅还没有坐热，就被赶下台命归黄泉。

这枚代表着国家最高权力的传国玉玺，要想拿稳它并代代相传，天时、地利只是一个方面，最主要的是人和，就是说要靠一国之君个人的才干、谋略、修养、德行，如果德不配位，能力不足，民不聊生，受压迫者就会揭竿而起，最终导致国灭人亡。

第三篇
碧血丹心的故事

碧血丹心，是人们熟知的成语，用来形容爱国英雄的壮举。《庄子·外物》曾有这样的记载："苌弘死于蜀，藏其血，三年而化为碧。"

这里提到的苌弘是东周时期蜀地资州人（今四川省内江市资中县），是圣人级别的历史人物。他通晓历数、天文，精通乐礼，据说儒学宗师孔子也曾登门求教，庄子曾经评价说："昔者龙逢斩，比干剖，苌弘胝，子胥靡，故四子贤而身不免乎戮。"

就是这样一位忠君报国的能臣，在年迈之际却惨遭陷害，即使一片忠心，却无法洗刷自己的冤屈，最终以身殉国。传说他遇难时，人们把他的血用陶罐盛起埋于地下。三年后，乡亲们掘土迁葬，打开陶罐一看，血已化成了晶莹剔透的碧玉……

生于乱世的奇才

公元前545年，周灵王的儿子姬贵接班掌权，成为东周第十二任国君，史称周景王。当时周王朝正处在风雨飘零动荡不安的状态，周景王向各诸侯国发号施令已不管用，毫无威信可言，周朝的经济和财政相当困难，捉襟见肘，老百姓到周边国家乞讨成为一道"特殊"的风景，周朝的威望到这时一落千丈。

苌弘就是在这种困境下入朝为官的，他的忠诚和才能很快赢得周景王的赏识，被任命为大夫（周朝的官员级别有卿、大夫、士三等）。

公元前520年，周景王突然病逝，群龙无首的周王室出现争权夺位乱象，身为大夫的苌弘和卿士刘文公立即联手，借助晋国势力平息了内乱，辅佐王子即位，这位新的掌权者就是周敬王。

周敬王上台后，很难在短期内扭转每况愈下的东周局势，综合实力越来越弱，经济发展面临前所未有的困难，向诸侯国发号施令的效果越来越差，大多数诸侯不像从前那样朝贡。自己没有足够的实力，想让别人拥戴的确很难。

最危险的是，周朝的军事实力相当弱小，难以抵御密谋造反的诸侯势力，先辈那种用武力说话的时代一去不返，惩治那些不朝贡的诸侯也只能是空口说白话。这时候，方术造诣很深的苌弘派上用场了，他安排几个心腹散播消息制造舆论，说周敬王有上天赐予的法力，能让死人复生，也可让活人莫名其妙地死亡。

通过苌弘的精心策划和宣传，很多不明真相的人都相信了，但是有些诸侯对此半信半疑。苌弘对此早有准备，他以周敬王过生日宴请诸侯的名义，将各路诸侯召集进宫，酒过三巡之后，开始以射杀《狸首》为主题的方术表演，闪亮登场的主角是周敬王，向人们展示自己的天赐神功，苌弘则躲在幕后操控。

在苌弘的指挥下，侍卫当着众人的面将一只活蹦乱跳的狐狸倒挂在树干上，然后周敬王从龙椅上站起来，操起一把弓，搭上一支箭，亲自施法表演。

只见周敬王的箭射中狐狸，狐狸嘶叫一声鲜血直流，很快脑袋便耷拉下来。刹那间，站在周敬王旁边的一名侍卫惨叫一声，口吐鲜血倒地，很快就断气了。

在周敬王的示意下，几个太监将已断气的侍卫抬走了，然后周敬王装成体力透支的样子，让人扶着他坐在龙椅上休息，冷眼观察今天来的这些客人。

在座的各路诸侯震惊不已，纷纷交头接耳，他们都听说了周敬王有法力，若不是今天亲眼所见，都不知道周敬王这么厉害。

周敬王为什么要在这个时候展示这种神功呢？诸侯们心知肚明，周敬王这是以杀鸡儆猴的戏来震慑他们。

苌弘看氛围营造得差不多了，望着大家严肃地说道："各位诸侯，大家都看见了，我们的君主法力无边，只要作起法来，想让谁死，谁就立即送命。我代表君主宣布，从今天起，哪个诸侯国不派人朝贡，就是今天这个侍卫的下场。"

诸侯们跪倒在地，一边磕头，一边高喊君主万岁。对于这些人来说，朝贡是小事，毕竟钱财乃身外之物，保住性命才是根本。

从此，这些诸侯国年年都来朝贡，没有人敢对天子不敬……

以上故事出自司马迁撰写的《史记·天官书》，也有史书记载，苌弘除了会方术之外，还会观测天象、推演历法、占卜凶吉，对自然变迁、天象变化进行预报和解释，所以也有人称他为古代的天文学家。

知识链接

周朝（前1046年—前256年）是中国历史上继商朝之后的第三个奴隶制王朝。周王朝一共传国君32代37王，享国共计790年。

周朝共分两个时期，即西周、东周。这是一个自商朝灭亡之后，中国历史上处于动荡不安的特殊时代。

阅读启示

古代人搞的那些方术，用现在的眼光来看，更像是魔术。因为当时科学、文化并不发达，那些方术看上去神乎其神，令人心生敬畏，所以无论是在统治阶级高层，还是在民间都有一定的影响力。

苌弘使用方术是一种策略，根本用意是借助方术辅佐新的君王树立权威，要求诸侯国服从周朝管理，避免群雄割据，战争四起，百姓遭殃。

雄才大略的忠臣

苌弘不仅政治谋略过人，而且在文学、乐礼方面很有造诣，在周边国家也有一定的影响力。《左传》《国语》《庄子》《史记》《汉书》等都有关于他的记述。

公元前518年，孔子进入东周访问，向老子请教后，还专程拜访了苌弘，以学生姿态站着求教乐礼问题，他们两人就《武乐》问题进行过问答，这段珍贵历史往事详尽记录在古籍《孔子家语·观周》中："至周，问礼于老聃，访乐于苌弘……"

孔子提出的"乐以发和"的思想，就是源自苌弘。对于苌弘的博学施教，孔子敬佩不已，尊称他为老师。

对苌弘来说，周敬王是他辅佐的第二位国君。由于刚登基不久，周敬王在治国方面缺乏经验和策略。身为周朝大夫，国君的左膀右臂，苌弘的智慧和能力深得周敬王称赞，他不仅忠心耿耿为国效力，还善于察言观色随机应变，在许多重大事件中屡建其功。

有一年，晋顷公（晋国国君）派使者屠蒯到周朝访问，请求借道祭祀的事宜。苌弘和屠蒯简单地交流了一会儿，就预感来访者不可信任，此人面相阴险，讲话前后矛盾。

送走使者后，苌弘立即对周敬王说："晋国请求借道祭祀之事只是幌子而已，我看晋国是醉翁之意不在酒，他们想攻打陆浑国。"

周敬王问："那你的意思是？"

苌弘说："他们说祭祀是为了麻痹陆浑国，趁对方没有防备的时候突然发动战争。我们也得有防范之心，万一晋国得胜后偷袭我们，那我们就被动了。"

周敬王："应该怎么办？"

苌弘说："晋国曾帮助过我们，借道祭祀的事情国君不好拒绝，可同意他们的请求。但我们要心中有数，加强军队的防备，静观其变。"

不久，晋国以到三涂山祭祀为名，让军队伪装成老百姓，大摇大摆地经过晋国，在靠近陆浑国的地方搞祭祀活动。陆浑国不知诡计毫无防备，结果晋国军队就打了过去，罪名是陆浑国和楚国勾结，对晋国造成了威胁。这场仗只打了三天，晋国就轻而易举地消灭了自己的对手陆浑国。

战争中最倒霉的是老百姓，大批陆浑国的难民开始逃亡，有的逃到楚国，有的逃到周朝的边界。因为周朝早有防备，为了防止晋国军队化装成难民混进来，逃到周朝的难民统一按照战俘的待遇严格管理，周朝军队把这些人层层包围起来，不分日夜加以防备，不给他们半点作乱的机会。

事实证明，苌弘的判断是很准确的，晋国当时也想趁热打铁偷袭周朝，只是周朝戒备森严，晋国找不到机会下手，周朝这样才幸免于难，没有落得和陆浑国同等下场。

东周自周平王开始以洛邑（今河南洛阳）为都城，是当时最大城市之一。周敬王执政时发生了"王子朝之乱"，因王子朝在洛邑兵强马壮，周敬王动迁避居瀍水东的成周城。

成周作为东周的政治中心，修筑得并不牢固，只要有强敌发动战争，攻入成周城并不是难事。

这时的苌弘已步入耄耋之年，身体衰弱多病，应该在家颐养天年，不问国事。但为了东周的安全与稳定，他不顾个人安危与生死，仍准备组织动员各种力量修筑扩建成周城。

由于周王室财力匮乏，苌弘为此不辞辛劳，四处游说，争取到其他诸侯的援助，仅仅用了几个月时间，就完成了这项浩大的工程。修筑扩建的成周城，犹如坚不可摧的大城堡，挡住了那些想要吞并周朝称霸中原的诸侯们的脚步……

阅读启示

一个人要想有作为，只有德才兼备，才能千古留名。苌弘这样的忠臣，博学多才，品行兼优，值得赞美。像他这样的人，无论处于哪个朝代都会受人敬重，事业有成。有才无德不可用，有德无才也无法重用。每个人的事业都是奋斗出来的，爱国、爱家，多学本领，与有正能量的人同行，才能实现美好的人生价值。

一心为国遭陷害，碧血丹心证清白

苌弘忠心耿耿，又有雄才大略，深得周敬王信任，君臣上下同心，为周朝的复兴竭尽全力。

但是苌弘做梦也没有想到，他这样的做法却给自己引来杀身之祸。

公元前 492 年，晋国发生了叛乱事件。周朝的诸侯刘文公与晋国叛乱事件的主谋范昭子是世代姻亲，为削弱晋国实力，刘文公的确在暗中帮助过范昭子。

出乎刘文公意料的是，范氏等人的叛乱以失败告终。晋国国君追查出内情后非常气愤，并以这次事件为借口，公开征讨周王室。

晋国国君要求周敬王尽快查办涉及此事的主谋，并交给晋国处置，否则就派军队攻打周朝。晋国也知道刘文公身居高位，是世代传承的诸侯，显然不是那么轻易可以扳倒的。于是，作为周敬王智囊的苌弘自然就成了替罪羊，晋国开始向周敬王施压，将矛头直接指向苌弘，非说苌弘是晋国叛乱事件的主谋，指名道姓地要求周敬王严惩苌弘。

周敬王左右为难，苌弘身为朝中元老，忠心可表，人才难得，何况还是当年辅佐自己上台的得力干将，怎么能过河拆桥对他下手呢？于是委婉地拒绝了晋国的要求，答复说经过认真调查，苌弘与此事无关。

晋国感到想干掉苌弘也并不容易，再向周敬王施压的意义不大，所以就实施拉拢和离间之计，想迫使苌弘就范。

晋国派大夫叔向作为使者来到周朝，任务是亲自追查周王室支持晋国叛乱的人。

作为晋国派来周朝查案的使者，叔向自然有冠冕堂皇的理由和苌弘频繁接触，起初是想拉拢苌弘离开周敬王为晋国效力。

有一天，叔向看四周无人，压低声音对他说："苌弘大夫，我们的国君说了，只要你愿意辅佐他，给你的官职比现在还要高，封你为卿！这个机会多难得啊，请你好好考虑一下。"

苌弘听后站起身，拱手说道："感谢你们国君的好意，但你们看错人了！我苌弘是周朝人，行不更名，坐不改姓，只为自己的王室效力，这是我做人做事的原则和底线。"

叔向问："你年纪这么大了，还为周朝兢兢业业，付出那么多的辛苦，我看周敬王也没给你多少好处，还不如随我去晋国享受荣华富贵。"

苌弘说："我既已入朝为官，就已许身国家为周朝效力，怎么能去晋国享受荣华富贵呢？请您不要再以高官厚禄引诱我，这事就不要再费口舌了。"

叔向已经试探到苌弘的立场，明显感到这一招行不通。他深感像苌弘这样的忠臣不能为晋国所用，留在周王室也是心头大患，于是，他又故意装出与苌弘非常亲近的样子，接二连三登门拜访，只是绝口不再提拉拢苌弘去晋国的事。其实这是离间之计，这样做是故意演给周朝其他大臣看的，目的就是让周敬王和刘文公对苌弘产生疑心。

果不其然，时间一长，议论苌弘的流言蜚语多了起来，生性多疑的周敬王和刘文公听到后也有点怀疑，却苦无证据。

叔向认为自己的表演已达到预期效果后，便前去向周敬王告辞，说自己准备回国复命。

周敬王装作漫不经心地问："听说你经常找苌弘了解情况，查明真相了吗？"

叔向一本正经地回答："禀报大王，我们晋国发生的叛乱事件，经查证与苌弘无关，我这就启程回国禀报晋王，告辞。"

说完，叔向步履匆匆走出大殿，神色显得有点慌张，还不经意间将一封信件遗落在台阶上，头也不回地远去了。

侍卫发现后，立即将信交给了周敬王。周敬王打开一看，脸色大变，这竟是苌弘写给晋国的密信。信中说："请叔向转告晋国国君，晋国叛乱乃刘文公唆使，请速发兵攻打周朝，我将做内应迫使敬王废黜刘文公。"

周敬王看后大惊失色，起初他不敢相信这是苌弘写的，但仔细看字体笔迹又确实是苌弘写的，他拿不定主意，就把密信交给刘文公过目，刘文公看后顿时大怒，让周敬王立即抓捕苌弘问罪并诛灭九族。

周敬王派人抓来苌弘审问，苌弘很莫名其妙，指出这密信的内容和笔迹是叔向伪造的，目的是离间君臣，制造分裂，但叔向已回晋国无法对质，苌弘又拿不出证据，周敬王命令侍卫将苌弘关入牢房。

其实周敬王也心存疑惑，苌弘入周朝为官这么多年，可谓忠心耿耿，怎么能干出这种事呢？但眼下有证据在，刘文公又抓住此事不放，火气很大，不处理恐怕是不行的。

周敬王采用拖延战术，好几天也没做出处理苌弘的决定。

刘文公等着急了，来找周敬王说："以苌弘之才若与晋国勾结，周朝很快将灭亡，我们都将死无葬身之地。请国君快下决心吧！"

周敬王问："仅凭一封无法对质的信，就将苌弘置于死地，万一我们中了晋国的离间之计呢？"

刘文公说："不杀苌弘也行，但可以将他流放到千里之外的蛮荒蜀地。倘若将来查明真相，确实冤枉他了，再将他从蜀地请回官复原职。如果他真的叛国，就让他死在蜀地。为了以防万一，只要让他离开国都，就不会有什么危险了。"

昏庸愚昧的周敬王听完竟然觉得很有道理，马上下令将苌弘流放。

苌弘被押解出宫时，望着大殿不停高呼冤枉，悲愤不已地说："我这次惹来杀身之祸，虽是冤屈，但并不为自己痛心，我悲哀的是周王朝的庙堂很快就要毁灭了！我可怜的是那些好不容易才过上太平日子的百姓啊！"

据史资料记载，当时苌弘被流放到蜀地后，悲愤交集却有口难辩，最后口吐鲜血含冤而死。

这是周朝的悲剧，也是忠臣的悲剧。

同情苌弘的老百姓把他的血用陶罐盛起来，连同尸体暂时埋葬在一个山坡下。

三年后，乡亲们准备为他迁葬，当挖开土取出陶罐时，在场的人都震惊了，原来他的血已化成一块块晶莹剔透的碧玉……

这就是碧血丹心词语的由来，"碧"指的是碧玉，"丹"指的是红色，"丹心"表示忠心。后来人们便用碧血丹心赞颂为国捐躯的英烈。

碧玉

知识链接

　　碧玉，是一种绿色半透明的和田玉，矿物成分以透闪石和阳起石为主，化学成分为钙、镁、铁的硅酸盐类，莫氏硬度在 6~6.5 之间。特点是鲜艳翠绿的颜色，质地细腻的玉质，柔和滋润的光泽，多用以制作器皿或珠宝首饰，有广阔的市场前景和升值空间，深受古代和现代人的喜爱。产地有中国新疆和田、中国四川沱江、加拿大、新西兰、俄罗斯等。

阅读启示

　　古今中外，英雄人物，都是热爱祖国、有坚定信仰的人。几千年前，苌弘为什么要倾其心血去报效日渐衰落的周朝呢？这就是爱国的力量、信仰的力量。因为爱国，因为有信仰，所以才将生死置之度外，以鲜血化作碧血，激励后人。人民有信仰，民族有希望，国家有力量。这种碧血丹心的精神，正是大国崛起的坚强支柱，更是新时代实现中华民族伟大复兴的精神源泉。

第四篇
玉门关和"玉帛之路"

玉门关：因玉得名的边贸重镇

中国玉文化的历史源远流长，博大精深，距今已经有八千年的历史，与中华文明的起源和发展息息相关，影响了一代又一代的中国人。

今天，我们可以从一些地名及文人墨客的诗文里，寻找与玉文化密切相关的线索，比如古代玉石之路的重镇玉门关……

"黄河远上白云间，一片孤城万仞山。羌笛何须怨杨柳，春风不度玉门关。"

玉门关，曾是汉朝通关贸易和军事战略要地，始于汉武帝开通西域，设置河西四郡之时（武威郡、张掖郡、酒泉郡、敦煌郡），因西域输入中原的玉石都从此入关而得名。

玉门关作为汉朝通往西域各地的要地，原貌历经千年战乱和自然灾害已消失不见，故址在甘肃省敦煌市西北的小方盘城。小城周边的地形十分复杂，沟壑纵横，沙丘无边，而且常年干旱。每当酷暑到来，烈日当空，没有水源，新中国成立前的商队经过这里经常面临着生存考验，人和牲畜中暑晕倒是司空见惯的事，有时遇上恶劣天气，沙尘暴腾空而起，遮天蔽日，分辨不出方向的怪事时有发生，经常会使商队陷入困境。

玉门关附近的沙漠里有一个比较特别的地方，遇到特殊天气，无论是人，还是骆驼、马匹，都会在昏暗中迷路，就连经常往返于这里的老马也会晕头转向。因此，有人将这里叫"马迷途"。

传说有一年，西域于阗国的国王派官兵护送满载和田玉的商队前往中原地区交易，目的是用和田玉来交换丝绸。

玉门关遗址

　　商队前进的方向是敦煌西北的小方盘城，当他们进入"马迷途"的地界时，刚才还透亮的天空，突然变得昏暗起来，接着狂风怒吼，沙石在地上翻滚流动，埋没了原来的路面，根本无法辨别行走的方向。

　　好不容易等到风停了，商队的人四处张望，只见残阳如血，大漠一望无际，路在何方呢？

　　他们正在寻找出路时，不远处传来奇怪的声音，有一只沙狐在沙丘上不停地哀鸣。

　　一个叫艾力的小伙子好奇地跑了过去，他发现沙狐并没有受伤，却四肢无力，站立不稳，他猜想这只沙狐可能是因为缺乏食物和水，无法补充能量，严重透支了体力。

　　他把这只孤单的沙狐抱回驼队，拿出干粮和水，沙狐吃饱后，很快恢复了体力，先是围着驼队转了一圈，然后朝一个固定的方向跑出去又跑回来，仿佛在指引着驼队的方向。

善良又聪明的艾力看出了门道，告诉商队的头领立即启程，在一片驼铃声中，他们按照沙狐指引的路线，很顺利地走出困境，在太阳即将消失之前走进了灯火闪烁的歇息地——小方盘城。

当天晚上，艾力竟然梦到了沙狐开口说话，"你帮助了我，我会帮你们走出迷途，但是我不能保证每次我都在。要想以后不迷路，方盘城上镶墨玉。"

天亮以后，艾力把梦里的情形讲给头领，头领听后哈哈大笑，说一块好的墨玉价值连城，把它镶到小方盘城上实在可惜，再说商队已经走过险关，还理这事干什么。

几个月后，商队从中原地区归来，路过这个地方时再次迷路，人和马匹又陷入困境，就在他们十分焦急的时候，那只沙狐又出现了。

它在不远处发出低沉的吼叫，于是，沙狐在前面引路，这支商队再次渡过难关。

商队摆脱困境后，所有人都跪在地上感谢沙狐的救命之恩。商队老板对着沙狐发誓："这次能够走出迷途，全凭您的保佑，我一定献出最好的墨玉，镶在小方盘城的城头，绝不食言！"

半年之后，这个商队又驮运了一批和田玉来到这里，命运仿佛是要考验他们，他们在同一地点再次迷路。

烈日当空，风沙弥漫，他们只能在原地等待，随身携带的水和食物即将耗尽，人和骆驼基本上全都虚脱倒地。

这时，他们又想起了那只沙狐，大家都期盼那只曾为他们引导过两次路线的沙狐能够再次出现。

后来，沙狐果然出现了。

商队头领没有食言，他让人把所有的玉摊在沙子上，让沙狐自己挑选，看看哪个满意。

沙狐走到这些玉的面前，逐个看完，最后用前爪指了指一块油亮的墨玉，然后又跑了起来，再次充当引路使者……

历经三次生死磨难，商队老板不敢掉以轻心，到达小方盘城安排好食宿，便把沙狐挑选的那块墨玉镶嵌在了方盘城楼的顶端。

说来也奇怪，在黑暗的夜色中，墨玉竟然散发出耀眼的光芒，数十里之外都能清楚地看到这块亮点，它如同大海航行中高塔上的指路明灯。

这块墨玉竟然能在黑夜中发光，这与其本身的特质有关。因为这种色泽能吸收和储藏能量，经过太阳光线的强烈照射，夜色中就能发光，有月亮的时候它散发出的光芒会更加耀眼。所以，凡是经过那个叫"马迷途"地方的商队，十里开外就能看到关楼上闪耀的光芒，东来西往的商队再也没有人迷路了。

从此，人们便将这个小方盘城称作"玉门关"。

小方盘城遗址

知识链接

　　墨玉，是和田玉中的名贵品种，又称"黑羊脂"，产量非常稀少，主要产自新疆和田地区墨玉县，有点墨、聚墨、全墨、片墨、纯墨的区别，其特点坚韧温润，色重质腻，纹理细致，漆黑如墨，光洁典雅，极负盛名，多用于制作手镯、牌子和文房用品。

墨玉

拓展阅读

　　西汉是我国玉器史上的一座高峰，建立并拥有一整套的用玉制度，西汉王室从生到死，始终都能发现玉器的影子。现存汉墓出土了大量玉器，其中又以河北满城汉墓和广州南越王汉墓出土的金缕玉衣最为著名。

　　位于南昌的西汉海昏侯墓挖掘出的古玉器就非常引人注目，墓室内部处处可见选料上乘的和田玉，并且玉类齐全，玉印、玉环、玉佩、玉璧、玉璜、玉磬、玉衣、玉剑等应有尽有，还依旧保持着墓主入殓时的光泽。

阅读启示

玉门关位于中国内地与西域各国的交界处，不仅是军事关隘，也是新疆和田玉料进入中原地区的第一个关口。据专家考证，早在夏、商、周时期，西域的玉石就沿河西走廊向东流通，经过玉门关后，还要两次东渡黄河，最后途经雁门关，雁门关是内蒙古草原和中原地区的分水岭，也是玉石之路进入内地的最后一个关口，这条延绵数千公里的玉石之路的终点，即是崇尚君子文化的中原地区。

至少在公元前13世纪，和田玉就已经传送到了商朝国都（今河南省安阳市），成为皇宫最珍贵、最精美的宫廷用玉。殷墟发掘的玉器有1200余件，其中最驰名的是妇好墓中出土的755件和田玉器。在《穆天子传》中，有许多关于和田玉的珍贵记录，如周穆王登昆仑山赞许它是"唯天下之良山，宝玉石之所在"。

正是有了玉石之路的指引，西汉时期的张骞才能到达西域各国。商贾们在这条路上，东去带上和田的美玉，西往带着中国的丝绸。"丝绸之路"并不是中国人命名的，此词最早来自德国地理学家费迪南·冯·李希霍芬于1877年出版的《中国——我的旅行成果》。李希霍芬待在中国的时间非常短暂，没有深入研究中国的历史和文化，只知道丝绸，不知道玉石，更不知道玉在中国的重要地位和价值。从这个角度来说，"丝绸之路"的称呼是不完整不准确的，事实上应该称之为"玉帛之路"。在汉代以后，这条"玉帛之路"更加繁荣。正如唐代诗人杜甫所说："归隋汉使千堆宝，少答朝王万匹罗。"又如元代回族诗人马祖常写道："采玉河边青石子，收来东国易桑麻。"

这条古老的"玉帛之路"将中原文明传播至西域，又从西域诸国引进了玉石、汗血马、葡萄、苜蓿、石榴、胡麻等物种到中原，还有玄奘西天取经引入的印度佛教文化，都直接促进了东西方文明的交流和发展。"玉帛之路"上下横跨二千年历史，按历史划分为先秦、汉唐、宋元、明清四个时期，是中国走向世界之路，是文明发展之路，是友谊和平之路。

第五篇

失而复得的帝王玉

宋高宗赵构是南宋的开国皇帝，在位 35 年，活到 81 岁，是中国历史上少有的长寿帝王之一。

靖康二年（公元 1127 年），金军兵临开封城下，俘虏了他的爷爷太上皇宋徽宗和他的父亲北宋皇帝宋钦宗，并把他们和家眷押送到五国城（今黑龙江依兰县）囚禁，北宋至此灭亡。

赵构带领宋朝军队继续抵抗南下的金兵，因宋朝军队战力不足，被迫撤退到江南一带周旋。

国不可一日无君！

赵构在战乱逃亡中匆忙即位，成为宋朝第十位皇帝，同时也是南宋的第一个皇帝，史称宋高宗，迁都临安府（今浙江省杭州市）。

赵构是一位多才多艺的皇帝，特别是在书法方面颇有造诣。他和古代大多数皇帝一样，还对玉器情有独钟……

失而复得的扇坠

宋高宗有一枚叫玉孩儿的和田玉扇坠，玉质色泽、雕刻工艺都属上品，多年来都是他的贴身之物，称之为"心头好"也不为过。

宋高宗执政不久，金国名将完颜宗弼挥军南下，打得南宋军队丢盔弃甲，宋高宗从临安乘船出海避难时，因风大浪急站立不稳，不慎将手中的扇子掉入水中，瞬间不见踪影，他派人多次跳入水中寻找，因扇子落水后的具体位置很难定位，最终的结果让他很失望。

贴身宝物的丢失，直接影响了宋高宗的情绪，在很长一段时间里，他都不是很开心，因为他认为这枚玉扇坠是有灵性的，突然离开自己是不祥之兆，预示着自己的执政之路会遇到许多艰难险阻。

接下来发生的事情也验证了他的预感。

宋高宗执政之初，抗击金兵收复河山的意愿非常强烈。但打仗是很烧钱的，连年的战事开支巨大，国库早已入不敷出，他不得不向农民征了很多税，结果农民不堪重负，很多地方爆发了起义。在那段难熬的日子里，宋高宗每天都得面对外有强敌，内有暴乱的困难局面，焦头烂额，他这个皇帝不好当啊！

在一次讨论反击金兵的作战会议上，他无意中发现大将张俊手持的扇子上有一枚吊坠似曾相识，他让张俊把扇子递给他，拿在手上仔细观看，脸上顿时露出惊讶之色。原来这正是他多年前丢失的吊坠，心爱之物在此时突然出现，宋高宗又惊又喜。

宋高宗问张俊："这枚扇坠是从哪得来的？"

张俊回答："是在清河坊一家店铺买的。"

宋高宗追问："你还能找到这个店铺吗？"

张俊讲出了店名和具体方位，急于知道真相的宋高宗立即派人找来这个玉器店的老板。

玉器店老板见到皇帝非常紧张，他不知道被带到这里的用意，跪在地上浑身哆嗦，低着头说："皇上明鉴，庶民向来诚信经商，从不干坏事呀！"

宋高宗派人将那把扇子拿到老板面前，和颜悦色地问："你抬头看看，这个扇坠可否认得？"

老板说："认得，认得。"

宋高宗问："你是从哪里得到此物的？"

老板说："是一个姓陈的厨娘卖给我的。"

宋高宗听到这里都听糊涂了，心想一个女厨子怎么可能有自己丢失的宝贝呢？看来这里面有故事啊！于是，他又派人将那个陈厨娘也找来问话。

陈厨娘是个老实本分的人，详细说明了这个扇坠的来历。

她说她丈夫是渔民，一个月前出船打鱼时，打上来几条特别大的海鱼，除此之外，她丈夫还在水底摸到一个非常漂亮的海贝。回到岸上清洗时，她打开海贝看有没有珍珠，结果没看见珍珠，却发现了这个扇坠，当时觉着好看就留下了，后来家里有急事需要用钱，就卖给了那个玉器店的老板了。

听到这里，宋高宗站起来哈哈大笑，他终于查清了扇坠失而复得的真相，认为扇坠失而复得是江山复还之兆，预示着失去的北方故土终将收复。

于是，他龙颜大悦，抚摸着扇坠感叹道："此乃天意呀！这扇坠是朕十多年前掉在江里的，没有想到兜兜转转这么多年，终于又见到它了。玉是有灵性的，回到我身边预示着我将收复被金兵夺走的江山。这是吉兆！你们都是有功之人，来，朕要重赏你们……"

宋高宗赏赐了所有参与寻回玉扇坠的相关人员，大家皆大欢喜。

说来也奇怪，自从玉扇坠找回之后，南宋逐渐结束了战乱状态，失去的江山也陆续收复，宋朝再次出现了国泰民安、歌舞升平的繁荣景象。经过前后几任皇帝的努力，南宋终于成为中国历史上藏富于民的典范王朝，全盛时期的经济实力和财富总量远远高于被称为盛世的唐朝。

知识链接

宋朝（960—1279 年）是上承五代十国，下启元朝的朝代，分北宋和南宋两个阶段，共经历十八位皇帝，国运有三百一十九年。

公元 960 年，后周诸将发动"陈桥兵变"，拥立赵匡胤为帝，建立宋朝。1125 年，金国大举南侵，导致"靖康之耻"，北宋灭亡。赵构临危受命建立了南宋。南宋虽然在军事上薄弱，但经济却很繁荣，总体发展水平甚至超过了唐朝。1235 年爆发宋元战争，1276 年元朝攻占临安。崖山海战失败后，南宋灭亡。

在中国历史上，宋朝是商品经济、文化教育、科学创新高度繁荣的时代。有学者推算，当时宋朝 GDP 总量为 265.5 亿美元，占世界经济总量的 22.7%，人均 GDP 为 450 美元，是世界上最富裕的国家。

阅读启示

无论是帝王将相，还是普通百姓，精神支柱的力量往往影响着人的生存和发展目标。当自己的心爱之物丢失后，主人都有一个念想，那就是希望失物能够找回，奇迹能够出现。

在宋高宗看来，玉扇坠失而复得并不简单，是江山复还之兆，预示着失去的北方故土将能收复。或许就是在这种通灵性的玉扇坠的感召下，他才以坚定的信念和强大的精神动力，用毕生精力为恢复大宋王朝国泰民安的景象而奋斗，并且取得了很大成就。

离奇的玉印

无独有偶！

几十年后，又发生了一件匪夷所思的事情，而失主恰恰又是宋高宗赵构。

南宋淳熙年间，宋高宗赵构急流勇退，将皇位传给了太子赵昚（shèn）。光荣退休以后，以太上皇自居的赵构开始了新的生活，一年四季到处游山玩水，处于休闲的状态。

一年夏天，在当时的明州，也就是现在的浙江宁波，有一位书生赴临安参加省里组织的考试，他在江边等着坐船时，遇到一个老渔夫提着一条七八斤重的鲜活鲤鱼叫卖。书生看到这么新鲜的大鲤鱼动了心，准备晚饭吃鱼喝汤补补身体，于是走上前去询问价格，渔夫要价 3 贯铜钱，书生觉得不贵，便没有还价。

鱼买下来后，书生担心这么热的天气，鲤鱼容易腐烂变质，所以就吩咐跟随的书童先把鱼处理一下，书童把鱼肚剖开之后，发现鱼肚子里面有一颗小玉印。书生立即把这枚玉印清洗干净，玉印呈现出晶莹洁白的本色，还能看清楚上面刻着的两个字"德基"，这是什么意思呢？书生想了半天也没有搞明白，但他凭感觉认为这枚玉印大有来头，没准儿很值钱。

他把这个意外收获的宝物放进书箱，第二天继续赶路。

书生到达临安府参加考试，考完又玩了几天，这时发现盘缠快用光了，囊中羞涩的书生正为钱发愁时，无意中从书箱里翻到了玉印，他眼前一亮，有了卖掉它的打算。

书生去古玩市场问了几个商家，因为没经验要价太高，当天并没有顺利出手。第二天，他打算再去古玩市场碰碰运气，他在路上把玩这个宝贝时，说巧不巧，正好有一个玉贩从他身边经过，一眼就相中了这枚玉印，书生和这个玉贩经过一番讨价还价，最终以三十贯铜钱成交了。书生心里乐得开了花，他认为这趟临安之行太值了，不但长了见识，还把盘缠钱赚回来了。

玉贩做的是低买高卖的生意，他买下这枚玉印后，便挂在担子上沿街叫卖，当他经过德寿宫门时，正好碰上皇城司提举官（宋代官职名）张去。张去喜欢收藏古玩，他看到商贩担子上的玉印，就拿过来仔细研究，越看越喜欢，就问玉贩："这东西是从哪弄来的？"

玉贩说："是从一个书生手里收购的。"

张去问："你多少钱收的？"

玉贩很有经验，他看出张去想买这个玉印，也知道张去很有钱，张口就虚报说他花了一百贯铜钱收的。

玉贩还问张去："您看值这个数吗？"

张去说："货卖行家，只要喜欢就值钱，不喜欢就不值钱。这个小印章我买了，你开个价吧。"

玉贩听后喜出望外，看来今天这是要开大单了，他眨巴眨巴眼，开价三百贯铜钱，相当贵。要知道，根据宋史记载，宋朝宰相的月薪也不过是三百贯铜钱！

张去也是玩收藏的高手，摆摆手说你小子心太黑，老子不要了。

玉贩赶忙赔上笑脸，说张大人您别急，您先还个价，让我赚个养家糊口的钱就行。

张去也没客气，黑着脸说，"这样吧，我出一百五十贯铜钱，不能再多了。"他认为打个五折应该是底价了。

玉贩听后心中窃喜，但装得像割肉似的，希望张去再多给点，张去摆摆手。

成交后，张去接过玉印挂在腰间，心满意足地回家了。玉贩心里乐开了花，一个时辰不到，这块玉印在他手里翻了五倍。

过了几天，皇帝宋孝宗召见张去，张去来到皇宫，宋孝宗正和别的大臣说事，让他在殿外等候。张去等了半天有点累，就在附近的小花园里溜达。刚巧太上皇宋高宗也在几个宫女的搀扶下遛鸟，他无意看到张去挂在腰间的小玉印，便叫到跟前细看，细看之后拍着手哈哈大笑。

张去急忙问："太上皇喜欢这物件？"

宋高宗说："喜欢，你是从何处得到此宝的？"

张去说："是从宫门外的一个小玉贩手里买的。"

宋高宗笑着说："真是踏破铁鞋无觅处，得来全不费工夫！这是朕的宝物啊！"

张去感到很意外，急忙将玉印从腰里解下来还给了宋高宗。

宋高宗接过玉印问道："你认识这两个字吗？"

张去说："'德基'这两个字臣是认识的，但没有多想什么。"

宋高宗听了凄然地说道："我有几块玉玺，这枚玉印是其中之一，'德基'这两个字是京城最好的玉匠雕刻的，取以德作为立国之基的用意。当年金军大举进攻明州，我率部苦战却力不能敌，后乘船入海避敌锋芒，为了以防不测，当时随身带着这几块玉玺。金军尾追不舍，险象环生，幸亏水军将领张公裕率部在台州附近海面阻击，朕才得以幸免于难。'德基'玉印当时不小心掉水里了，从此丢失不见。"

玉印时隔多年失而复得，让宋高宗想起了多年前被金兵追击的狼狈往事，所以才感慨万千。

张去是个马屁精，借机说道："太上皇，万万没有想到，时隔这么多年，玉印又物归原主了。玉印失而复得是大喜事，这是神灵在保佑您，保佑大宋朝啊！"

宋高宗点点头说："冥冥之中，这是天意啊！它为什么没被别人买走，偏偏让你买了回来，今天又让朕看到，这可不是巧合，玉是有灵性的，这块玉在寻找它的主人啊！"

说到这里，已经退休的宋高宗有种强烈的冲动和预感，他认为跟随自己多年又消失多年的玉印突然回到自己手里，预示着收复中原地区指日可待。于是，他鼓励儿子宋孝宗出兵北上讨伐金兵，收复中原领土，以洗"靖康之耻"。

宋孝宗赵昚果然没有让宋高宗失望，他平反岳飞冤案，起用主战派人士，锐意收复中原，成为南宋最有作为的皇帝。

知识链接

南宋（1127—1279 年）是宋朝第二个时期，以临安（今浙江杭州）为都城，历经九帝，享国一百五十二年。

1127 年，宋徽宗之子赵构于应天府（今河南商丘）建国称帝，是为宋高宗。宋高宗先任用岳飞等主战派抗金，之后又重用秦桧等主和派，与金国签订"绍兴和议"。统治范围局限于秦岭淮河线以南地区，与金朝、蒙古（元朝）长期对峙。

南宋虽然外患深重，统治者偏安一隅，但其经济上高度发达，海外贸易非常繁荣，全国经济重心完成了由黄河流域向长江流域的历史性转移。当时南宋的经济总量已占世界的 60%，与阿拉伯帝国构成了当时世界贸易圈的两大轴心。

南宋的思想学术和文化艺术流派纷呈，大师迭出，群星璀璨。南宋开启了中国社会的平民化进程，并出现了欧洲近代前夜的一些特征，如大城市兴起、市民阶层形成、商业经济繁荣等现象，推动了中华民族的大交融，具有文艺复兴和经济革命的重要意义。

拓展阅读

发生在南宋的这两件皇帝玉器失而复得的离奇事件，一方面反映了两宋时期社会文化的时代特色，另一方面则体现出玉器在宋朝被社会各阶层高度重视的历史现状。

宋朝是玉器发展史上的重要节点，突破了祭祀、礼仪等传统玉器观念，实用玉器（玩物佩坠之类）占据了很大比重。从宋朝开始，玉，不再为皇家独享专用，而是进入民间的流通市场。民间玉器的主要消费对象已不是宫廷贵族，也不是文人雅士，而是对玉器十分迷恋的普通百姓，所以，宋代出现了平民化的世俗题材玉器，这对中国玉文化的发展和传承起到了重要的推动作用。

打破禁忌之后，各种时期的仿古玉也大量涌现。仿古玉的渊源虽可追溯到商周时期，唐代也有仿制，基本上只是仿摹同代器形。随着周朝、汉朝古玉器的大量出土，包括良渚文化的古玉器出土，引起了朝廷及士大夫的空前兴趣，他们热衷于收集、整理和研究，兴起了一股制作仿古玉的热潮。

宋朝文人的玉制文房用具也开创了历史先河。文房用具的材质丰富多样，有瓷器、青铜、漆器与玉石等。玉质文房用具的组合出现便始于宋朝，有笔架、镇纸、砚滴、笔洗、印章等器类。浙江衢州南宋史绳祖墓出土的9件文房用具中，有6件属玉质，分别为青玉笔架、水晶笔架、白玉荷叶洗、青玉莲苞瓶、白玉兔镇纸、白玉兽钮印等。

自宋朝起，玉器成为商品在民间流通后，极富生活气息的实用佩坠大量出现，还促生出了"玉把件""玉山子"等新兴的玉器形制，"世俗化"成为宋代玉器的主要特征之一，这标志着中国玉器从此正式进入了"民玉"时代，不仅刺激了民间玉雕业的发展，也促进了玉器市场的繁荣。

玉香囊

第六篇
北派玉雕祖师
——"玉仙"丘处机

今天给大家说说"玉仙"丘处机。

众所周知，丘处机是道教全真派祖师。最为人称道的是，他为了天下苍生免于涂炭，以 73 岁高龄从山东启程，历经三年来到"大雪山"（今阿富汗兴都库什山）八鲁湾行宫，与正在率部征战的成吉思汗会面，在他的影响和劝说下，成吉思汗放下屠刀，开始收敛残酷的杀戮行为，史称"一言止杀"。

很多人并不知道的是，丘处机还是北派玉雕的祖师，出家后与玉结下不解之缘，功成名就后曾在北京白云观传授玉雕技艺，早已桃李满天下。

对玉雕情有独钟的道士

丘处机生于公元 1148 年，山东人，道号长春子。他年轻时入道，拜全真派创始人王重阳为师，在昊天观里每日习武诵经。

有一次，他随王重阳道长练剑，一个时辰过后，两人都大汗淋漓。当师父脱下外衣休息时，露出一枚图案精美的玉佩，丘处机直盯着玉佩不放，师父便拿下来交给他细看。

丘处机手捧玉佩仔细端详，脸上露出爱不释手的神色。

王重阳道长对玉文化研究很深，知道具有高雅品格的人才会喜欢玉，这个弟子可教，将来能成大事。

丘处机将玉佩还给道长："师父，你这个宝贝很好，是从哪儿得来的？"

王重阳道长说："你很有眼力，这是我的传家之物。"

丘处机说："传家宝，可有年头了呀？"

道长说："是的，这是宋朝开国皇帝赏赐我家祖先的，你这么喜欢这个玉佩，我就送给你吧，希望你好好保存！"

丘处机说："师父，这是您的传家宝，我怎么能要呢！这玉佩精致漂亮，雕刻这么传神，肯定不是一般玉匠所为呀！"

道长说："皇宫的玉器肯定是出自名家之手。我年纪大了，我不想把这个好东西带到棺材里去。人常说，一日为师，终身为父！我心中早已把你当成我的儿子了，这件宝物今天就传给你了。"

师父把话说到这个份儿上，丘处机也就不好推辞了。从他接过玉佩之日起，他自己也不曾想到会与玉雕艺术结缘一生。年轻人对新鲜事物都有好奇探求之心，虽然他遁入空门，但时刻都在留心道观外面的世界。

王重阳道长看在眼里，记在心上，不仅教授他习武诵经，还教他诗词、绘画，并允许他去古玩市场和玉器作坊转转，与玉雕艺人结交朋友，学习玉雕技术。

说来也奇怪，文玩品类繁多，丘处机唯独对玉情有独钟，一有空闲时间，便开始钻研玉雕。几年之后，经他之手雕刻的玉器已渐露大家气象，他的玉雕技艺得到了民间玉匠们的夸赞，还给他介绍了一些民间收藏家，使他有机会接触到不同年代、不同风格工匠的作品，他博采众长，兼收并蓄，在继承前人工艺的基础上大胆创新，雕刻技艺又有了很大进步。

数年之后，王重阳道长羽化成仙前对丘处机说："这些年你随我修道虽然进步很大，但还需行万里路，参悟世间万象。我走了以后，你可以云游四方，广结善缘，增长见识，对你有益处。你的玉雕手艺已很娴熟，但不能满足于自己喜欢，等有合适机会的时候，要传授给穷苦百姓，让他们也能靠这门手艺有口饭吃，这是功德无量的事情。"

处理完师父的后事，丘处机离开道观云游四方，在传经布道的同时，仍在刻苦钻研玉雕技术，他在玉雕工艺及玉器鉴赏方面的知名度越来越高，每到一地只要有作品出手，都能获得行家的追捧。

知识链接

全真道又称全真派，由王重阳创立，主张儒、释、道三教合一，即以"三教圆融、识心见性、独全其真"为宗旨，奉《道德经》《清静经》《孝经》《心经》《全真立教十五论》等为主要经典，与正一道并列为道教两大派别。

据史料记载，金正隆四年（1159 年），王重阳在甘河镇（今陕西省境内）偶遇道教高人，传授以修炼真诀，于是悟道出家，在南时村筑坟墓，住在墓穴中两年多，自称为"活死人墓"。金大定七年（1167 年），王重阳离开陕西，前往山东传道教徒度人。因王重阳在山东宁海自命其庵名为"全真堂"，故入其道者都称为全真道士。

阅读启示

处处留心皆学问。丘处机当年遁入空门，一开始自己并没有想到将来会出名，更没有料到会成为北派玉雕祖师。除了机会，这一切都来自他的勤奋与努力。一个人无论处于任何时期，学生时代也好，进入职场也罢，无论做什么事情，勤奋、专注、用心，往往左右着成败得失。现实社会中，我们要干一行、爱一行、钻一行，才能取得令人刮目相看的成绩，才能为社会发展进步贡献自己的智慧和力量。

德艺双馨的北派玉雕祖师

北京玉雕文化的兴起源自元朝。元朝建国之初,历经多年战乱的大都(今北京)百废待兴,经济发展缓慢,各种传统文化处于复苏阶段。虽说当时朝廷先后成立了各种造办机构,但中国玉文化的传承处于艰难的起步阶段,这与经济、文化发达的长江以南地区相比,主要问题是人才奇缺,能工巧匠不多。后来,京城玉雕行业才逐渐兴旺起来,其中就有丘处机的巨大贡献。

金国被蒙古军队灭亡之后,忽必烈将国号由"大蒙古国"改为"大元",他成为元朝的首任皇帝。

因为成吉思汗在世时就非常尊重和信任丘处机,所以成吉思汗的孙子忽必烈当了皇帝后,邀请丘处机到元朝国都大都(今北京)主持道教工作,尊他为国师,并把白云观(历史上曾称太极宫、长春观)赏赐给他。白云观空间很大,殿宇众多,丘处机入住后,一边传经布道,一边遵循师父的嘱托,向出身贫苦的弟子传授玉雕手艺,当时想法很简单,那就是有朝一日,如有弟子还俗,最起码能在社会上谋生。

随着消息的传播,慕名而来的俗家弟子越来越多,玉雕技艺娴熟的丘处机道长,开始在京城的道观开办玉雕技能培训班,谁都不曾想到,皇城的白云观会成为中国北派玉雕文化的传播基地。经过丘处机的教授,弟子们的玉雕手艺突飞猛进,在很短的几年内,由他们雕刻的造型独特、风格各异的玉器,成为达官显贵、商界精英、文化名流等争相购买的对象。后来,经过人们口口相传,白云观名声大噪,出现了宾客预付定金等待玉雕作品的场景。

丘处机非常高兴，道观有了稳定收入，可以集中精力办大事了。他谨记师父遗嘱，面向全国挑选了一批有灵性，愿意学习玉雕手艺的青年，由道观免费提供食宿和工具，亲自传授他们高超的玉雕手艺。随着时光流逝，从白云观走出去的学徒成为全国各地各大玉器店老板争抢的人才，京城的玉器行业出现了欣欣向荣的新气象。

时间久了，丘处机在白云观教授众生玉雕手艺的事迹传到了元大都皇宫内，引起了忽必烈的关注。在忽必烈的印象中，丘处机是他爷爷非常尊敬的道士，没想到他还是玉雕大师。忽必烈半信半疑，派人挑选了一块和田玉原石，交给丘处机随意赋形制作器物，用来验证传说中的大师手艺。

丘处机接过宫里送来的和田玉原料，仔细研究了几天，这才动手切割打磨，之后精心制作了一个带叶子的瓜形小盒。

忽必烈起初看到这个玉盒时不以为然，当站在一边的太监小心翼翼地打开盒子时，他才惊讶不已，原来掀起盖子后，里面有一条晶莹细长的玉链连接着盒盖和盒底，奇就奇在这是用一块玉料做的，这种玉连环的手艺制作极难，就连皇宫里的高级玉匠也是望尘莫及。

忽必烈捧起玉盒爱不释手，对丘处机赞不绝口。高兴之余，他从龙案上拿起一块精巧的白玉镇纸赏赐给他。丘处机非常喜欢这块玉料，后来精雕细刻成一支洁白的簪子，别在了自己的道冠上。

丘处机告别忽必烈离开皇宫后，忽必烈命令大臣把宫中最好的羊脂玉都送到白云观，做什么器物让丘处机自行决定。丘处机从中挑选了一块白玉，雕琢成一个壁薄如纸，甚至能透过指纹的花瓶献给了忽必烈，忽必烈对这件艺术品视为珍宝，特地封丘处机为"白玉大士"。

忽必烈深知打江山不易，守江山更难，为了笼络文武大臣，他经常在宫里宴请犒赏部下。有一天，他突发奇想，想用玉料做一个天下无双的酒

北京白云观丘祖殿供奉的丘处机神像

瓮，用这个酒瓮和大臣同饮同乐。

　　谁能完成这个前无古人的任务呢？

　　他马上想到了丘处机，他认为在琢玉方面，只有你想不到的，没有丘处机做不出来的。

　　忽必烈不知道，他这一拍脑门的主意，可是给丘处机出了个大难题。这么大块的玉料京城根本没有，新疆虽然有很多，但路途太遥远，得猴年马月才能运过来。

皇命不可违啊！再难也得想办法呀！

丘处机思考了很久，带领徒弟们去了河南南阳，找到了一块巨无霸的独山玉，他也是头一次见到如此巨大的玉料，怎么运回京城成了最大的难题。他和徒弟们多次商议后，确定了创作题材是将其雕成渎山大玉海。为了减轻运输重量，他们把玉料内部掏空，待运回京城后再精雕细琢成镇国之宝。

后来他们按这个方案完成初步雕刻之后，再用滚木搬运到清水（今白河）到樊城（今襄阳市樊城区）的船上进入汉水，经长江到江都（今扬州），北上经永济渠（隋炀帝时修的大运河），好一番折腾，才将这个巨无霸运至元大都。

由丘处机亲自设计的大玉海，雕刻完工后呈椭圆形，高70厘米，最宽处182厘米，最窄处135厘米，最大周长493厘米，腔深55厘米，约重3500公斤。从图案花纹来看，这个玉海四周雕刻着翻滚的波涛，海浪中全身披鳞的猪、马、鹿、犀等动物，时隐时现，气韵非凡。

公元1265年，元世祖忽必烈在皇宫宴请群臣，能盛三十桶美酒的渎山大玉海首次亮相，引起群臣的惊呼，赞美之声在宫内久久回荡。

知识链接

白云观位于北京西便门外，为道教全真龙门派祖庭，享有"全真第一丛林"之誉。

白云观前身系唐朝的天长观。据载，唐玄宗为奉祀老子而建此观，观内至今还有一座汉白玉石雕的老子坐像，据说就是唐朝的遗物。金朝正隆五年（1160年），天长观遭火灾焚烧殆尽。金朝泰和二年（1202年），天长观又不幸罹于火灾，仅余老君石像。翌年重修，改名曰"太极宫"。

元朝初年，"长春真人"丘处机入住这里，为表彰他的功绩，元朝皇帝敕改"太极宫"为"长春观"。元末，连年争战，长春观原有殿宇日渐破损。明初重建宫观，并易名为白云观。

古老的白云观，如今已成为北京的一大名胜，以其独特的魅力吸引着海内外的道友和游人。

阅读启示

中国有句古话，叫"授人以鱼，不如授人以渔"。说的是传授给人以知识，不如传授给人学习知识的方法。一条鱼能解一时之饥，却不能解长久之饥，如果想永远有鱼吃，就要学会捕鱼的方法。

当年，丘处机的玉雕名扬京城后，在白云观内向前来学习的青年弟子传授玉雕手艺，培养了一大批玉雕人才，让他们能够在社会上谋生，促进了北京地区乃至全国玉雕文化的发展和传承，对玉雕行业的贡献很大。每逢农历正月十九他出生的这一天，北京玉雕行业的从业人员都会前往白云观去祭拜这位祖师爷，用这种特殊的方式纪念他。

丘处机作为道士，当年不求回报传承玉雕手艺，让一批穷苦青年摆脱贫困，能在芸芸众生中生存下去，这是道教普世情怀的直接体现。生活在当下的人们，更应该珍惜美好时光，争取多学几门技术，做一名有益于社会、服务于人民的人，让自己的人生更有意义。

第七篇
南派玉雕宗师
——"玉神"陆子冈

接下来给大家讲讲"玉神"——陆子冈的故事。

了解玉文化的人都知道，玉雕有南派和北派之分，北派以丘处机为代表人物，南派则以陆子冈为代表人物。从宋朝起，北京、扬州和苏州就是全国三大玉器集散地，也是琢玉精英荟萃的地方。

明朝科学家宋应星在《天工开物》中说："良工虽集京师，工巧则推苏郡。"明朝时期，苏郡城中（也就是今天的苏州），最有名的玉雕大师叫陆子冈，他制作的玉器在收藏界经久不衰，渐渐演变成一个独特的品牌，时至今日，"子冈玉"一直声名远扬，陆子冈被南派玉雕行业的人尊敬为一代宗师。现今传世的陆子冈作品主要收藏在北京故宫博物院、首都博物馆、上海博物馆、台北故宫博物院等。

陆子冈非常注重自己的声誉，只求精益求精，从不粗制滥造，治玉极具"工匠精神"。据说陆子冈琢玉非常讲究，对材料极其挑剔，有所谓"玉色不美不治，玉质不佳不治，玉性不好不治"之说。因此陆子冈生前所琢玉器数量并不多，却基本都是精品之作，他的作品不但为当时的士大夫们所收购，很多还被宫廷所购藏。

玉器的治琢因为质地太硬，自古以来一直是用解玉砂碾磨法，只有陆子冈神奇机缘获得了"昆吾刀"，并独创了一种雕刻方法，这也是他能够在比铁还硬的和田玉上随意书写诗文铭款的主要原因。他死后，"昆吾刀"也一同失踪了，这种技法便成绝响。

那么是什么原因促使这位出身富裕之家的书生，放弃考取功名的机会，加入大多是贫苦人从事的玉雕行业，而且还取得很大成就呢？

阴差阳错的爱情

　　这个世界上有一种爱情，一开始就是为你而来。但往往，当你真正懂得这份爱情时，它已经永远定格在了时光的深处，那个深爱的人可能已经消失在了茫茫人海里。

　　陆子冈出生于明朝嘉靖年间江苏太仓县的一个书香世家，从小在父母的言传身教下长大。自小聪明过人的他就对唐诗、宋词熟记于心，长大之后的陆子冈熟读四书五经之外还学习琴棋书画。琴师有一位美丽大方又聪明伶俐的女儿，名叫瑶儿。瑶儿和陆子冈一般大小，从小一起学习琴艺使两人有许多共处的时光。同样十七八岁懵懵懂懂的年纪，翩翩少年和亭亭玉立的少女，难免互生情愫。瑶儿的美丽吸引了众多追求者，但只有陆子冈真正走进了瑶儿的心中。两家父母本就是多年的世交，两个人既然相互爱慕，走在一起自然是皆大欢喜、顺理成章，渐渐地也就默认了他们之间的关系，就盼着他们能够早日成亲。

　　正当两人的关系即将修成正果之时，突然发生了一件意想不到的事。有一天，几名官府的官员来到瑶儿家，跟瑶儿的父母说，宫里正在各地挑选适龄的少女作为宫女，瑶儿又懂事又美丽，正是最佳的人选，负责挑选的太监见了美丽的瑶儿也非常满意。瑶儿的父母听到这样的消息，内心十分为难。一方面，瑶儿年岁还小，又如此美丽单纯，人人都知道皇宫不是一个简单的地方，如果身边没有人指点和保护，怕是要受委屈；另一方面，瑶儿被选上了也是好事，正好趁瑶儿还年轻可以出去开开眼界，再说官府的人得罪不得，万一因为拒绝他们的要求而惹上事端或许得不偿失……

瑶儿因为这个事情也是终日哀伤，她自然不想离开家乡，一方面是过惯了在父母身边无忧无虑的生活，外界的一切都是未知数，未知的生活使她内心充满了惶惑。她不知道会遇到谁，也不知道会经历怎样的人生。另一方面，离开家乡也就意味着必须离开陆子冈，也许今生再不重逢，每次想到这里她就不敢再想下去。但在内心的某个角落，她隐隐也觉得有些好奇和期待，她想看看传说中皇宫里的生活是什么样的，那些公主、妃嫔们都过着什么样的生活，她们都在想什么，做什么。瑶儿内心充满了压抑和矛盾，该如何选择呢？或许等她去了皇宫，探索完所有的秘密再回来也不迟……到时候，她可以把皇宫里的见闻都分享给她心爱的人，他一定也很好奇。对！她要去，而且她一定还会再回来！她得告诉陆子冈等着她，等她回来之后他们就成亲。她写了两封信，一封留给父母，一封留给陆子冈。给陆子冈的那封信结尾的最后一句话是"今生守如玉，待君来世琢"。

官府下了通告，三天之后就要出发，陆子冈却还不知道瑶儿即将远行的事，瑶儿日日在家盼着陆子冈来看她，等他来了就亲自把信交给他。眼看天亮后就要出发了，可陆子冈却还没有来，瑶儿第一次由内心走出了对陆子冈的怨气，虽然她也清楚，这一切并不是他的错。

临行之际，瑶儿满眼都是泪珠。她将给陆子冈的信交给了父母，嘱咐他们一定要将信交给陆子冈。于是便踏上了远行的航船，眼看着亲爱的父母在视线中慢慢变小，直到变成了一个点。

从此以后，瑶儿就从陆子冈的世界里消失了，而陆子冈却一直留在了回忆中。当陆子冈知道瑶儿已经离开的时候，他的内心惊愕不已，他原以为任何人都会离开，唯独瑶儿会一直陪伴着他。他们说好的，怎么会走散呢？

　　失去瑶儿之后，他消沉了一段时间，一个人经常无所事事地在街头走着，任由人群从身边来来往往。他的心被永远地锁进了回忆里，不知道还有什么能将他的心唤醒。

刻苦钻研，终成名家

世间美好的事物总让人想起美好的人。有的人一生都在追求曾经绽放在心间的那一份温情，这一份温情能够让人抵御所有岁月的风霜，赋予时光无可比拟的意义。

这天，陆子冈走在人头攒动的街市，包子店老板的吆喝声，男男女女的谈笑声，古玩店里的讨价还价声，一股脑儿地冲进他的脑海。他听得到，又听不到。眼前的一切剥离了往日人间烟火的温情，仿佛都染上了一层冰冷的色彩。他的心口隐隐感到一阵又一阵的刺痛，无法回避地感到里面住着的那个人，真的走了。

她的身影还是那么窈窕多姿，雪白的皮肤闪耀着青春的光芒，甜美的笑容就像一盏明亮的灯，世间的一切黑暗都无处躲藏。善良、纯真又可爱。像瑶儿这样的女孩子，谁会不喜欢呢？本来陆子冈想永远陪着她，给她温暖、希望和保护，但无奈的是，还没等到自己有足够强大的力量，她就消失在了人海里，留下了满心的遗憾、不甘和疼痛。

当他逛到一家玉器店的时候，橱窗里一尊玲珑的玉美人突然出现在了眼前，那么明亮、温润又美丽，他走上前去仔细观瞧，心跳突然加速，再也走不动了，这不是日思夜想的瑶儿吗？

玉器店的老板走过来问陆子冈："客官，如果您喜欢这件，价格咱们可以商量。"

老板："眼下没有，得定做。"

陆子冈："是您做的吗？做起来难吗？"

老板："是我做的。说难也难，说不难也不难，得看您的悟性了！"

听老板这么说，陆子冈不知不觉对玉雕产生了兴趣。说完，老板领着陆子冈参观自己的玉雕展室，里面陈列了各种各样大小不一、形状各异的玉雕成品。陆子冈看着这些晶莹剔透的玉雕成品，头脑中突然冒出了一个大胆的想法，他想学玉雕！陆子冈被自己突如其来的想法吓了一大跳。学玉雕？这可是祖祖辈辈都没有做过的事儿，而且自己一点基础都没有，能行吗？

但一转念，陆子冈又想起自己最爱的瑶儿……想到这里，他心里就像吃下了一颗定心丸，就这么决定了。

陆子冈说："我想拜您为师当学徒，您收吗？"

老板听完先是愣住，继而哈哈大笑："客官您真会开玩笑！学玉雕的都是穷苦人，您这锦衣华服，一看就是娇生惯养的公子哥，您可吃不了这份辛苦！"

老板一开始没当回事，这样的小伙子他见多了。因为玉雕的美而产生一时冲动，又因为玉雕事业的艰难半途而废。

陆子冈偏不信这个邪，把身上值钱的东西都拿了出来，说："我能吃苦，这是学费，您看够不够？"

老板担心陆子冈一时冲动事后反悔，就劝他回去和家人商量商量，过几天再来。

陆子冈却并没有打退堂鼓，他说服了家人，每天都来老板的工作间问这问那，了解关于玉雕的一切。日复一日的坚持下，老板在这个年轻人的眼睛里看出了他对玉雕的真诚热爱，在这个小伙子的身上看到了他对事业的坚定执着，陆子冈成功地赢得了老板的信任，拜师后开始学习玉雕手艺。陆子冈忘我地投入，如饥似渴地练习自己的技艺。每次其他同门师兄弟偷懒的时候，陆子冈还是坚持高标准不放松。这一切自然逃不过师父的火眼金睛，肯定和欣赏之余，他打算重点培养陆子冈。在师父的悉心传授下，他从众多学徒中脱颖而出，成为琢玉技艺相当全面的一把好手，起凸阳纹、镂空透雕、阴线刻画皆尽其妙，尤其擅长平面减地之技法，能表现出类似浅浮雕的艺术效果。陆子冈希望让每一件作品都能成为举世无双的精品，因为他深深地明白，每一块玉料都来之不易，都是独一无二的，绝不能浪费。

雕刻之余，陆子冈最喜欢去古玩交易市场，他能在这里看到不同时期不同风格的各种玉器，有时候机会来了，他还能"捡漏"，淘个好宝贝，转手卖个好价钱，好不得意！

有一次，他看中了一件汉代的高古玉器，没想到却惨遭"打眼"。赔了钱，还被师父笑话了好几天。陆子冈心里很不服气，自从进入这一行之后他就没有看走眼过，这一次居然失了手，这幕后到底是谁呢？他怀着好奇心连续好几天偷偷跟着让自己上了当的商家找线索，功夫不负有心人，他终于发现了这个无良商家背后的"作坊"。令他感到无比惊奇的是，这个小作坊里居然件件都是一顶一的精品，就算是仿品，也是精雕细琢，一点不含糊，有的雕刻工艺自己都没学过。

这里的琢玉高手姓林，陆子冈打心眼里佩服他，很想拜他为师。但林师父不想收徒弟，陆子冈又一次遇到了难题。这一回陆子冈仍然靠着他百折不挠的精神叩开了老师的心门。陆子冈这次拜师，并不是为了通过制假而牟利，而是为了集众家之长，成一家之技。有了玉雕高手林师父的鼎力相助，陆子冈的玉雕技术更是节节攀升，越发炉火纯青。

冠盖满京华，斯人独憔悴

自明朝起，苏州已是全国有名的琢玉重镇，陆子冈学徒师满后，便在苏州五爱巷自立门户开设琢玉作坊。他的作品虽然空灵飘逸，却同时有着精雕细琢的工巧，细腻又充满了想象力。他不仅有着匠艺，更有着一颗匠心。靠着他的一颗玲珑心，陆子冈融书法、绘画和篆刻为一体，发明了鼎鼎大名的"子冈牌"，陆子冈作坊的玉器被人称为"子冈玉"，他的玉雕作品，形制大多仿汉，却取法于宋，具有古人的思想意境，形成了空、飘、细的艺术特点。空，就是虚实相称，疏密得宜，使人不觉烦琐而有空灵之感；飘，就是造作生动，线条流畅，使人不觉得呆滞而有飘逸之情；细，就是琢磨工细，设计精巧，使人不觉粗犷而有巧夺天工之感。这种玉器制品，风格独特，工艺精细，而且还赋予文化情调，深受达官贵人喜欢。

陆子冈成了远近闻名的玉雕大师，有好些人听闻他的技艺高超，都纷纷定做他的作品。

陆子冈还有一个从不示人的秘密，那就是他希望他的玉器能被皇帝所赏识，有机会进到皇宫，才有机会见到他日思夜想的瑶儿。说不定哪天皇帝高兴，把瑶儿赏赐给他，他就可以和瑶儿团聚了。

苍天不负有心人！

这天，机会终于来了！

在那个时代，好东西总是最先进入帝王家，"子冈牌"也不例外。陆子冈精妙的玉雕技术渐渐传进了明朝万历皇帝的耳中，万历皇帝正好也是一个玉器收藏爱好者，看到陆子冈的作品后爱不释手，立刻招他进宫成为专门为皇家琢玉的御用工匠，让他为自己制作玉雕。很快，陆子冈的玉雕技术受到了皇帝的青睐，后来成为名闻朝野的玉雕大师。

虽然陆子冈今时不同往日，手中的技艺让他闻名遐迩，但实际上他内心深处仍然安放着一个深刻的秘密。熟悉陆子冈的人都认为他是一个充满传奇色彩的人。不仅是因为他的绝超技艺，还有他奇怪的举动，比如每一次他进宫都会东张西望，好像在寻找着什么，每次回来都是一副若有所失的样子，有几次他皱紧了眉头，连饭都吃不下。旁人担心他是不是因为进贡的作品没有被皇帝悦纳，但事情好像并非那么简单。其实陆子冈一直在观察有没有瑶儿的下落，尽管陆子冈心里想念着瑶儿，但是却从来不轻易跟人提起，他早就学会了把关于瑶儿的一切放在心底最深处。

正是江南好风景，落花时节又逢君

有一次正逢陆子冈被皇帝召见进宫，路上一位太监说起了皇帝召见陆子冈的缘由，原来是一位宠妃要过生日，皇帝要准备一份礼物。皇妃亲口说喜欢玉雕，皇帝想起了技艺高超的陆子冈，便打算请陆子冈进宫来，让皇妃亲自告诉陆子冈喜欢什么样的款式。

太监边走边说道："瑶妃啊，不但人长得美，琴也弹得好，多才多艺，虽然皇帝格外宠爱她，但她平日里对我们这些奴才从不摆架子。"

陆子冈听到瑶妃二字不仅想起了瑶儿，但转念一想，瑶儿只是宫女而已，怎么可能是皇妃呢？

等到陆子冈走进了瑶妃的宫殿，让他万万没有想到的是，眼前的瑶妃竟然真的是自己日思夜想的瑶儿！只是眼前的瑶儿已不见当年的青涩，而是越发美艳动人，褪去了曾经不谙世事的懵懂后，在皇宫里多了一丝沉稳和优雅。多年未见的瑶儿此刻就在眼前，令陆子冈恍如隔世。

令他心动的同时，又感受到一种无奈和绝望。俩人近在咫尺，却不能互诉衷肠。因为这次见面都有太监和宫女在旁边监督，如果皇帝知道两人的爱情故事，不但会杀掉两人，还得株连无辜的家人。

况且，现在的瑶儿是皇帝的宠妃，自己在瑶妃面前不过是一个小小的玉雕师而已，此时此刻，两人的地位已是天壤之别，她又怎么可能念及旧情？

陆子冈这些心理活动，瑶妃也能感受到，这就是相爱的恋人之间的心灵感应。一见到陆子冈，瑶妃的眼圈就红了，她有多少话想对陆子冈倾诉，但此时她不能说也不敢说。在这个世界上，也许你会对很多人好，也有很多人对你好，但能够把全部的自己毫无保留地交付的只有一个人。对于瑶妃来说，这个人就是眼前这个陪伴她度过豆蔻年华的陆子冈。

"听说你是闻名天下的玉雕师，你能给我做一把最好的玉梳吗？我很早之前就想要一把了，奈何一直没有这个机会。"

"好。"陆子冈知道瑶妃要玉梳的寓意是什么，他心里产生了一种莫名的情感在翻滚着，有点甜又有点苦。

陆子冈怀着沉重的心情开始动手雕琢这把玉梳，它可能是陆子冈一生中所雕刻的最重要的礼物，一定要确保它完美无瑕。在制作玉梳的过程中，陆子冈倾注了全部的心血，他希望能把自己积攒的所有思念和爱意都刻进这把梳子，让它告诉瑶妃，自己的心从来没有改变过。终于，精美绝伦的玉梳诞生了，它是如此华贵与精致，就像美丽的瑶妃一样，让人过目难忘。这把玉梳刻上了瑶妃当年留给陆子冈的话，"今生守如玉，待君来世琢"。而这也正是此刻的陆子冈心底想对瑶妃说的话。

收到了玉梳的瑶妃，眼泪扑簌簌地掉，她想起了曾经与陆子冈共同度过的那些青葱岁月。他给她写的诗，她为他抄写琴谱，他们一起读过的书，走过的路，他们之间那些秘密的小暗号……

此刻的瑶妃虽拥有荣华富贵，但那些甜蜜的青春岁月却如烟般消散在了时光的尽头，最后只剩下这把玉梳作为那些岁月的符号，留在了她的身边陪伴她。唯一让她感到欣慰的是，陆子冈还是那么聪明，那么勤奋，无论做什么都能做到最好。

削玉如泥的"昆吾刀"

半个月之后是陆子冈的生日，当天他收到了一份特殊的礼物，是来自西域进贡的陨铁。

原来是瑶妃感念于陆子冈所制的玉梳精美绝伦，自己已经无法陪伴陆子冈度过余生，能够为他做的就是帮助他成就自己的事业。听说用西域进贡的陨铁制成的刀具锋利无比，她便从皇帝那里要到了陨铁，然后又送给了陆子冈。陆子冈大喜过望，他明白瑶妃的心意，花重金找到锻造高手制作成了独门玉雕神器"昆吾刀"，传说琢玉能随心所欲。

因为有了"昆吾刀"，陆子冈如虎添翼，玉雕技艺更是炉火纯青，有如神助。为了追求最佳的艺术效果，他选料极其挑剔，稍有细微瑕疵都不用。有所谓"玉色不美不治，玉质不佳不治，玉性不好不治"之说。要知道，玉质越佳，往往硬度越高，雕刻的难度越大，但在削玉如泥的"昆吾刀"面前，这些都不是问题。

陆子冈存世的玉器数量不多，但件件都是珍品。他雕琢的玉器做工考究，人像或山水精细入微，起凸阳纹、镂空透雕、阴线刻画皆尽其妙，所刻文字笔意圆转，书法韵味十足，与写于纸上者丝毫不差，充分体现了他的玉雕技法之精湛，真乃鬼斧神工。

他还首创了金镶玉工艺，比如，玉嵌金银丝，在金属上镶玉嵌宝石等技术。《木渎镇志》上记载："子冈其雕刻除玉外，如竹、木石以至镶嵌无不涉及，都有成就。"据《苏州府志》记载："子冈乃碾玉妙手，造水仙簪，玲珑奇巧，花如毫发。"

陆子冈非常有名的一件作品是在一个小小的玉扳指上雕刻出了百骏图。小小的玉扳指上刻出了高山叠峦的气氛和一个大开的城门，而只雕了三匹马，一匹驰骋城内，一匹正向城门飞奔，一匹刚从山谷间露出马头，给人以藏有马匹无数奔腾欲出之感，用虚拟写意的手法创造出百骏之意境，简直是妙不可言。

北京故宫博物院收藏一件青玉嵌金合卺杯，是明代的世宗或神宗与后妃大婚时所使用的器物，也是陆子冈最杰出的作品之一，这件玉器再次显露出他超凡的玉雕工艺水平，也奠定了他一代宗师的行业地位。

合卺，是中国古代婚礼仪式中最关键的一个程序，在很长的一段时期里，人们也将其作为结婚的代称。在当今的婚俗中，合卺演变成为喝交杯酒，即新人各执一杯酒，手臂相交而饮，象征着婚姻美满、白头偕老。

这件玉合卺杯是皇帝大婚时新人共饮合欢酒的专用杯子，此杯高 7.5 厘米，宽 13 厘米，整体造型由两个直筒式圆形杯连接而成，底座有六个兽面作足，腰部上下各饰一圈绳纹，作捆扎状，一面镂雕凤形杯柄，一面凸雕双螭作盘绕状，两纹之间的绳纹结扎口有一方形图章，刻隶书"万寿"二字。杯身两侧分别雕有剔地阳文隶书，一侧为"湿湿楚璞，既雕既琢。玉液琼浆，钧其广乐"诗句，末署"祝允明"三字；诗的上部刻有"合卺杯"三字。另一侧为"九陌祥烟合，千里瑞日月。愿君万年寿，长醉凤凰城。"诗上部有"子冈制"篆书落款。造型生动活泼，结构对称平衡，装饰华美瑰丽，是一件极为罕见的艺术珍品。

诗文表达了对君王大婚的美好祝愿和重视喝交杯酒的思想观念。在玉器上能署作者姓名已经罕见，像陆子冈这样名闻朝野的玉雕大师更为难得，再加杯上还刻有与唐伯虎、文徵明、徐祯卿并称为"吴中四子"的著名诗人、书画家祝枝山的诗句，堪为罕见之宝，更何况它还是皇帝大婚的纪念物，实属价值连城的珍品。

故宫博物院收藏的子冈款青玉嵌金合卺杯

一代宗师，终成绝响

陆子冈终身未娶，因为他的心里只有瑶儿，他的每一个作品都是为了她而作，他想让瑶儿看见他的成就，要让她因为曾经爱过他而感到骄傲，所以他有一个非常危险的习惯，那就是在他雕琢制作的玉器上落款留名。

按照明朝当时的法律，未经皇帝特别允许，工匠是不可以在作品上落款留名的，否则就是杀头之罪。陆子冈耍了个小聪明，他会刻款于器底、壶盖下、壶把内侧等不显眼的位置，如果不仔细看，根本发现不了。很长一段时间里，陆子冈把雕好的作品献给皇帝，皇帝和身边的人均未发现落款，他还得到了皇帝的赏赐。但他知道瑶儿能认出来，事实上也是如此，这也是他们传递思念，互诉衷肠的特别渠道。

也正是此举，给陆子冈埋下了杀身之祸。

据说明代奸相严嵩非常喜欢收藏玉器，也非常仰慕陆子冈的名气，曾当面找过陆子冈，想量身定制一件可当成传家宝的玉器。因陆子冈爱憎分明，当场拒绝了严嵩。严嵩怀恨在心，但又拿陆子冈没有办法。后来严嵩用重金收买了陆子冈的徒弟，他最开始的想法是让陆子冈的徒弟给雕琢制作能收藏的玉器，结果没想到陆子冈的徒弟无意中泄露了师父落款留名的秘密，这下子就让严嵩抓到了陆子冈的把柄。

嘉靖年间，明世宗最后一次钦点陆子冈入宫，当面吩咐他制作一把玉龙壶，还专门叮嘱他不允许落款留名，但是陆子冈却运用高超的技术，巧妙地把名字落在玉壶嘴里，意图不让皇帝发现。如果没有人检举揭发，皇帝永远看不出其中的奥秘，但阴险歹毒的严嵩怎么可能放过陆子冈，他当着皇帝的面，指出了这件玉器暗刻落款的地方。皇帝无法压制心头怒火，以欺君之罪将陆子冈杀掉。

一代玉雕宗师就这样断送了性命，因为陆子冈没有后代，他的许多绝技都随他而去，"昆吾刀"也不知所向，后人都为之惋惜，这成为玉雕行业传承史上的遗憾……

传说瑶妃听到陆子冈被杀的消息后，顿时心如刀绞，万念俱灰，当晚就自缢身亡，手心里紧紧攥着已经掰成两半的玉梳，梳子上刻着"今生守如玉，待君来世琢"！

从明代起，苏州玉器业就将陆子冈供奉为本行业宗师，顶礼膜拜，他被后人尊为"玉神"。如今江南一带玉雕行业的从业人员仍在传承并发扬光大他的独特工艺，在南派玉器的造型设计、雕刻工艺等方面，有了更好的创新。

知识链接

"捡漏"，是一句古玩界的行话，形象地体现在"捡"上，就是很便宜的价钱买到很值钱的古玩，而且卖家往往是不知情的。捡漏是可遇而不可求的，最好的办法就是下功夫好好地去研究、去考究这件东西的来历和传承历史等，锻炼自己的"眼力"，从别人看不出来价值的"废品"中发现宝贝。这种"拣漏"的本事，不是短时间就能学到的，它需要长时间的修养、积累，甚至是终身追求艺术的结果。

"打眼"，古玩中的常用词语，是一个古玩界的特有词语。意思是因为占小便宜而被别人骗买了假货，或者是因为没看准买了赝品。业内人士常说："打眼容易捡漏难。"买了"打眼"货不但赔钱，还要丢人现眼。所以一旦"打眼"，发现后货主会赶紧把货锁起来，不再给人看，怕被同行人当笑料说出去，变成收藏圈里令人津津乐道的一个话题，有碍自己的名声。

拓展阅读

　　陆子冈爱惜荣誉，注重口碑，从不粗制滥造。据说他生前所琢玉器不超过百件。北京首都博物馆收藏的"子冈"款玉器有1件，故宫博物院收藏的"子冈"款玉器大约30件，台北故宫博物院收藏"子冈"款玉器有7件。

　　正因如此，时至今日，苏州已经连续举办了多届以"陆子冈"命名的各类玉雕艺术品大赛，不断弘扬中华民族的优秀传统文化。

台北故宫博物院收藏的子冈白玉"海屋添寿"方盒

阅读启示

在《现代汉语词典》中，工匠的解释是"手艺工人"。传统意义上的工匠可理解为"手艺人"，即具有专门技艺特长的手工业劳动者。《韩非子·定法》说："夫匠者，手巧也……"可见手艺精巧是工匠的基本特征之一。现在对工匠的理解除了手艺人之外，还包括技术工人或普通熟练工人。

工匠精神对于个人来说，是学一行爱一行，干一行钻一行，是心无旁骛、耐住寂寞、坚持不懈、精雕细琢的敬业精神。西方的"工匠精神"起源于中世纪的行会制度，而中国的"工匠精神"则来源于像鲁班、陆子冈等优秀工匠文化的传承。

瑞士手表能誉满天下，畅销世界，成为经典，靠的就是制表匠们对每一个零件、每一道工序、每一块手表都精心打磨、专心雕琢的精益求精的精神。正如老子所说，"天下大事，必作于细"。能基业长青的企业，无不是精益求精才获得成功的。

德国和日本是闻名世界的工匠强国，它们的企业大部分是"术业有专攻"，一旦选定行业，就一门心思扎根下去，在一个细分产品上不断积累优势，在各自领域成为"领头羊"。其实，在中国早就有"艺痴者技必良"的说法。古代工匠大多穷其一生只专注于做一件或几件内容相近的事情。《庄子》中记载的游刃有余的"庖丁解牛"、《核舟记》中记载的奇巧人王叔远也体现出了工匠精神。

工匠精神是对工作的认知和对待工作的态度，创新是工匠精神的灵魂，完美是工匠精神的综合体现。我们每个人都应该对所从事的事业充满热爱乃至敬畏，把平凡的工作当作一种修行，不经意间便可能累积出极致的作品乃至非凡的成就。

第八篇
"玉痴皇帝"——乾隆

　　说到中国历史上的爱玉之人，几乎每个业界的人都会提到乾隆皇帝。虽然历代帝王都喜欢收藏美玉，但是能做到嗜玉成癖、乐在其中、有所成就并达到很高境界的，当首推乾隆。

　　乾隆爱玉，可以用"前无古人，后无来者！"来形容。

　　他到底有多喜欢玉呢？据史料记载，除了在紫禁城普及使用玉器，乾隆帝题玉咏玉的诗就写了不下八百首。他还将这份对玉的无比喜爱之情寄托到了下一代。通常情况下，家长在给自己的孩子取名字时，往往将自己的志向、爱好蕴藏其中，爱玉如命的乾隆自然不会放过这一机会。乾隆共有 17 个儿子，都是以美玉的名字来命名的。可以说是古今中外，绝无仅

乾隆赏玉图

有。我们看看那些皇子们的名字吧！永璜、永璋、永珹、永琮、永璇、永瑢等，都和"玉"有关。比如"璜"的含义是半璧形的玉，"琮"的意思是用于祭祀的玉质筒状物，"璋"是古玉器的名字，而后来的嘉庆帝的名字叫永琰（后改名为颙琰），"琰"是一种雕饰的玉名，看来乾隆皇帝对玉文化是烂熟于胸，信手拈来。

和田玉，乾隆工，天下无双！

乾隆皇帝对中国玉文化的贡献极大，北京故宫藏玉三万多件，其中一半为乾隆年间制作的，绝大部分都精美绝伦。

中国古代制玉的主要原料为和田玉，尤以新疆和阗、叶尔羌地区的玉料被认为品质最佳。

乾隆二十四年（1759年），他最得意的"十全武功"之一的平准战役取得大胜，从此整个西域平定了。乾隆将天山南、北二疆统称为新疆，由朝廷派驻大臣。这是继汉武帝和唐太宗之后，又一次把西域置于中央政府控制之下。新疆纳入清政府的版图之后，不但实现了统治疆域的巨大拓展，还一举打通了和田玉的内陆运输通道，意味着自明朝以来中原延续三百多年的玉料荒终告结束！从此，来自和田的贡玉开始源源不断地运往北京，这对乾隆玉器达到一个新的高峰起了决定性的保障作用。

乾隆二十五年至六十年（1760—1795年），这三十五年间，以宫廷玉器为龙头，直接带动了扬州、苏州、杭州、南京以及北京等地玉器行业的长足发展。

为了保证玉料的供应，清朝在新疆建立了玉石专采制度，对玉料的开采进行了严格的控制，严禁当地商人和百姓私自采集和贩卖玉石，每年秋季，叶尔羌办事大臣都要向朝廷呈报开采情况并进贡玉石。玉石产区的官员对朝廷的玉石呈贡分春秋两次，平均每年四千余斛。从乾隆二十五年到嘉庆十七年这五十二年间，进贡的玉石原料就多达二十余万斤，从而解决了玉器发展的原材料问题。

乾隆皇帝是和田玉历史上最成功的操盘手。琢玉规模、产量、种类、工艺水平，皆超越任何朝代，创造了一个前所未有的巅峰。他在用料和制作上不计成本，在工艺上精益求精，尽善尽美。

乾隆皇帝为玉简直是操碎了心，他不但亲自过问造办处玉作的人员构成、工匠的选派及其技术情况，凡要制作重要的器物，他都对画稿、制木型、蜡样，以及最后的装饰、摆设等一一审查，亲自指示。

他还经常指导玉器的生产制作过程，并制定对玉工的惩罚办法，轻则扣除薪俸，重则降职、革职以及监禁。

乾隆时期的宫廷玉器制作主要由养心殿造办处的玉器坊来承担，为了创造出能世代传承的精品，乾隆将大江南北的制玉高手悉数调到造办处，造办处里不光有御用工匠，还有宫廷画师，让宫廷画师参与到玉器设计中，也是乾隆的一大发明。画师设计与工匠设计的风格有很大区别，工匠的设计风格都比较传统，而画师的设计会增加很多的文人浪漫色彩。这样的玉器作品不但工艺精湛，而且还有引人入胜的意境美。

乾隆对玉器的工艺非常讲究，不论是单独应用一种工艺，还是综合两种以上的技法，均需规矩方圆，一丝不苟。工艺制作过程分工细致，无论是选料、画样、锯钻、做坯都有明确的分工。

乾隆对工艺精度的要求也十分严格，在处理玉器细节的时候精益求精。当时的抛光工艺是非常讲究的，从粗砂到细砂，再用麦麸在棉布袋中把玉一点点揉出来，这么做是非常费工夫的，却能把玉质内在的亮揉出来，从而表现出玉质的润度。

中国玉器经过几千年的发展，到了清朝时期有些故步自封，在创作题材上很少有新意。在乾隆中期，充满西域异国情调的痕都斯坦玉器以贡品的身份传入紫禁城，由于它在做工上莹薄如纸，纹饰细如毛发，表面圆润光滑，手抚处不留指印，堪称"鬼工"之作。它的出现引起了乾隆皇帝的高度重视与推崇，下圣旨命令养心殿宫廷造办处特设仿制痕都斯坦玉器的玉作，汲取其造型、花纹、胎体细薄之精巧，吸收其技术与风格的灵感，进行艺术加工二次创作，制造出适应中国社会需要并带有中国文化印记的新型玉器。

因为乾隆皇帝对和田玉的特殊喜爱，以举国之力促进发展，玉器生产和工艺开始进入鼎盛时期，当时玉器在紫禁城中无处不在，各个宫殿陈设的艺术品中，玉器占到百分之八十以上。乾隆还专门设计制作了收纳古玉的"百什件"收纳箱，这个收纳箱共分为9层，有若干个抽屉，抽屉中的每件玉器都有它专用的小格子，格子形状与玉器完全吻合。他把最爱的珍贵玉器收藏在多宝格匣子里，妥善保管安置。面对这些极致精美的"百什件"，相信每一个见到它的人都会啧啧称奇，在赏心悦目的同时，不由得为古人的精湛技艺击节赞叹。

在这一历史时期，玉雕产业空前繁荣，和田玉成为当时艺术的集大成者和国家重器，也直接推动了当时玉雕人才的发展。

玉文化的集大成者

清朝皇家秘档里记载了乾隆每天的生活。在天亮前一个多小时，乾隆就已经起床，简单用餐后天刚放亮，他便开始处理烦冗的政事，需要耗费一上午的时间。中午用餐后稍事休息，下午是相对固定的自学时间，共有三项内容：其中一项内容是写诗。在他一生创作的四万三千六百三十首诗里，有关玉器的诗文就超过了八百篇，记录了他对玉的描述和品评。另一项内容是欣赏悬挂在各个殿堂的历代名家字画。第三项内容是把玩他收藏的各类玉器。

乾隆帝还钻研古玉的鉴定考证，对清宫收藏的古玉分门别类，制作成详细的档案。据记载，乾隆会亲自对收集的玉器进行鉴别、定级，除此之外，众多古代玉器配置的木托、木座、木匣，都是乾隆时期置办的，并且还带有乾隆钦定的甲乙丙等字样。

更难能可贵的是，在研究古玉方面，他除了从理论上对古代玉器进行系统整理外，还能把理论与实践相结合，对实物仔细观察研究，他还能放下帝王之尊不耻下问，提高自己的认识水平，这在皇帝里面也是绝无仅有的。有一次，他在宫中发现三件白玉双婴耳杯，据说是汉代的古玉，他仔细考察后感觉不对劲，但又说不出个所以然来，这件事竟使他寝食难安。更令人意想不到的是，乾隆皇帝为了这个小事，竟然屈尊去造办处请教玉匠姚宗仁！

姚宗仁看后断定说这是仿品，是他祖上留下的作品，其祖上世代琢玉、时有模仿，并将自家绝技的一招一式都原原本本地全盘说出，乾隆听得津津有味，回去后便认真记录了下来。如今，这三件白玉双婴耳杯均保存在北京故宫博物院，并附有记载着乾隆皇帝亲自书写的关于这件事情来龙去脉的墨宝。

众所周知，乾隆帝喜欢在书画上题诗、盖章，这是他的一大嗜好。其实他不光喜欢在书画上题诗盖章，在玉器上题诗也是他发挥文采的一大阵地，但有时乾隆所题之诗令人啼笑皆非。

台北故宫博物院馆藏一件东汉玉辟邪，上面就被乾隆皇帝兴致勃勃地题刻有"御题诗"。玉辟邪虽然诞生于汉代，但是迄今为止，除世界各大博物馆的馆藏品之外，现代考古发掘出土的汉代玉辟邪却仅有三件，这足以说明汉代玉辟邪弥足珍贵的稀缺程度。可能当年乾隆也发现了这个秘密，面对稀罕的汉代玉辟邪，乾隆兴奋之情溢于言表，于是大笔一挥再次证明了自己曾"到此一游"。

比较戏剧性的是，乾隆虽然贵为天子，喜欢在玉器上面到处题诗，对该玉器评头论足，但他也有"打眼"的时候，闹出过不少笑话。

他曾将古代的玉琮误认成了"古代车轴"，然后兴冲冲地题了诗，这还没完，跟着又心血来潮将玉琮掏空打眼，改制成了"实用"的香熏。今天的两岸故宫博物院中有许多被改制的高古玉琮，这些都是乾隆皇帝当年的"丰功伟绩"。

清宫收藏一件商代凸领玉璧，这在商代为敬神之器。由于内缘凸起，乾隆竟然认为这是一个碗托，也许同样古色古香的玉碗颇为难得，也许是乾隆对定窑钟爱有加，还非常热心地为它找了一只定窑的白瓷碗配上。

乾隆把玩玉石的嗜好一发不可收拾，总是想尽办法谋得好玉。每年各地官员上贡朝廷，总少不了美玉，这最能讨得乾隆欢心。在各地官员每年三次常贡之外，他还允许官员随时上贡美玉，最多的官员一年上贡三十多次。为了奖励这些能让他开心的官员，得到更多更好的美玉，他经常拿出高于市场价的黄金来回赠那些上贡美玉的官员,真可谓皆大欢喜。

到了晚年时,他收藏的古玉接近一万件。乾隆虽有佳丽三千,但他更爱美玉。空闲的时候,乾隆每天都会把这些古玉拿出来擦拭、抚摩、把玩。

丁关鹏是清朝著名的宫廷画师,他的代表作之一是《弘历鉴古图》,真实地描写了乾隆皇帝鉴赏古玉的情景,也足以见得乾隆皇帝对玉器的酷爱和珍惜。乾隆皇帝对玉的喜欢爱好是深入骨髓的,对玉的学习钻研是贯穿他一生的,是他把中华玉文化再次推向了巅峰时代。

知识链接

造办处,是清朝制造皇家御用品的专门机构,于康熙年间成立,由皇帝特派的内务府大臣管理,先后设有六十多个专业作坊,与皇室的日常生活息息相关,除制造、修缮、收藏御用品外,还参与装修陈设、舆图(地图)绘制、兵工制造、贡品收发、罚没处置等事宜,是宫中具有实权的特殊机构。

清代的造办体系分别设有两个机构,一个是位于紫禁城养心殿的专供宫中用度的"养心殿造办处",另一个是设于内务府北侧的"内务府造办处"。养心殿造办处集中了国家最优秀的艺术和技术人员,他们主要负责设计和样品的开发,这里的工匠创造了当时中国工艺技术的最高水平,很多传世的巅峰之作、无数国宝级的艺术品都是出自他们之手。

养心殿造办处的设计研发完成后,再由内务府造办处的能工巧匠负责批量生产,每个作坊都荟萃全国各地的能工巧匠。这些能工巧匠囊括了朝廷日常生活中的几乎各个方面,从吃的、穿的,到用的,甚至于休闲的和摆设的应有尽有,当时民间把这个造办处叫作"百工坊"。

第九篇
慈禧太后的和田玉棺

慈禧懿旨做玉棺

在中国地质博物馆新馆内陈列的众多奇石中，有一块看上去并不起眼的微青泛白的大石头，等您走到近前看完关于它的文字说明，您就得另眼相看了，它就是赫赫有名的"慈禧和田玉"，也是这个博物馆的"镇馆之宝"。

1861年，体弱多病的咸丰皇帝不堪内忧外患的折磨，病死于热河（今承德）。年仅26岁的皇太后叶赫那拉氏联合咸丰的弟弟恭亲王奕䜣，密谋发动了辛酉政变，通过"垂帘听政"成为清王朝的实际统治者，史称"慈禧太后"。

慈禧太后对和田玉极其痴迷，其生前身后都有很多和玉有关的故事。她过六十大寿时，光绪帝以及各位大臣赠送和田白玉、羊脂玉的插瓶、标壶、如意、透雕葫芦有上千件之多，慈禧照单全收，爱不释手。

1905年11月6日，是她七十岁的寿辰，全国各地官员都要上贡祝寿。人年纪大了身体器官就会衰老，慈禧也知道自己时日不多了，所以就像列祖列宗弥留时的想法一样，打算置备一个让自己死后也能永远安身的棺材。

慈禧是个特立独行的女人，她对金丝楠木、紫檀这些名贵木头不感兴趣，别出心裁地决定用玉棺来保存她的"凤体"，并且玉的材质必须是最好的和田玉。慈禧专门为此事下了懿旨：在她"百年"之后，要用和田玉棺材来放她的遗体，这样才能同她的威严和荣耀相匹配，尺寸的要求大约长三米、宽二米、厚一米。

"金生丽水，玉出昆冈！"最好的和田玉只有新疆才能有，所以这个艰巨的寻玉任务就落到了新疆官吏的头上。当时新疆各县衙门已设立电报房，慈禧的懿旨很快下达给了新疆巡抚联魁。

联魁见到电报内容当时头就大了，脑瓜子嗡嗡响，要知道制作完整的玉棺需要非常大块的玉料，像棺材那么大的和田玉可不是那么好找的！和田地区玉龙喀什河中的籽料块头通常较小，无法满足制棺的要求，所以只能到产玉的昆仑山上去寻找。昆仑山绵延上千里，四季积雪，山高路险，找这块玉无异于大海捞针。问题是就算是找到了，怎么才能运到京城呢？当时的中国可没有火车和汽车啊！在那个没有机械工具、没有公路交通、运输极为不便的年代里，要把这个庞然大物从山上运到山下，再运到京城，真可谓难于上青天。

这可难坏了联魁。可慈禧下旨寻找和田玉制作棺材，如果完不成任务轻则罢官，重则是要治罪的，联魁急得寝食难安，四处打听新疆哪里能找到大的玉料。

据史料记载，当时新疆出产大块和田玉料的玉矿唯有西昆仑山中的密尔岱山，这里的玉石仿佛开采不竭，是大块和田玉料的主要产地。乾隆时期就曾在这里找到一块重五吨的大玉，运回京城后历时七年雕成了《大禹治水图》，迄今仍是故宫的镇馆之宝。

巧遇 "超级巨无霸"

联魁闻讯后喜出望外，马上安排得力干将着手准备采玉需要动用的人力和物力。此次采玉的玉匠、民工及监护的绿营兵多达几百人，还征集了上千头牲口驮各种物资。采玉料的人马浩浩荡荡，在塔克拉玛干沙漠西边的叶城县集结，前往叶尔羌河山口的卡群，再向支流棋盘河上游居民点进发，略做准备后便溯源而上，攀登冰峰雪岭中海拔 4000～4500 米的密尔岱山玉矿。

采玉从古至今都是一桩苦差事，有时甚至要冒生命危险。

清代姚元之写的《竹叶亭杂记》里详细记述了采玉的过程。密勒塔山海拔有五千余米，山顶终年积雪。羊肠小道盘旋其间，民夫只能骑乘牦牛，一步步地向峰顶挪动。民夫们携带长钉悬绳，在悬崖峭壁间发现玉料后，首先会用绳子拴住玉料。待绳子拴牢，就用长钉凿子敲击山体，使玉料脱落。山势过于高峻，悬绳减轻了玉料下坠的冲力，保证大料不会猝然崩裂。可以想象玉料下坠时会产生多大的冲击力，又会有多少民夫随着它跌进深渊，命丧黄泉！

这支队伍经过数月的寻找仍然一无所获，在饥寒交迫中踏破铁鞋，一路之上，摔死的、冻死的、病死的有上百人之多，简直是惨不忍睹。幸存的玉匠和玉农叫苦连连，濒临绝望。一天半夜休息的时候，一个玉匠起来解手，无意间抬头一望，发现月光下不远处的山头有一抹荧光。玉匠惊喜万分，凭经验感觉是大玉反射的光，赶紧告诉其他人爬起来，连夜启程朝山头进发。

　　清晨时分，这支队伍终于爬上山顶。这时太阳升起，那一抹荧光更加耀眼。带队的官吏命人从山顶放下绳索凿开石壁取样观察，老玉匠捧着样品左看右看，拿锤子敲了敲，又拿刀子使劲划拉几下，顿时泪如雨下，仰天长叹："这是宝玉啊！老天爷开眼啦！"

　　众人瞬间欢呼雀跃，纷纷系上绳索下崖底测量尺寸，最后算出玉料长约三米，宽约两米，厚约一米，做个玉棺绰绰有余。

无比艰辛的旅程

玉料虽然有了，但这只是完成任务的前奏，接下来就是运输的问题了。

整块玉料约二十吨，是北京故宫现存最大玉器《大禹治水图》玉山的四倍，是新疆向清廷入贡的和田玉玉料中最大的一块。

当人们把这块大玉从它的母体剥离的那一刻起，就注定它将在大清帝国境内有一段会载入史册的非同寻常的旅程。

众所周知，乾隆时期制作的和田青玉《大禹治水图》是中国古玉器中的巅峰之作，约五吨。当年，玉工将这样一块玉料从新疆和田密勒塔山（位于新疆塔里木盆地南缘，昆仑山北坡的叶城县）完整地运到北京紫禁城就花了近三年的时间。

密勒塔山与京城远隔千山万水，这块玉重达数万斤，行程万里，一路上又是怎么过来的呢？

原来和田贡玉逐渐形成制度后，新疆的官吏摸索出了一条玉石送京的"官路"，途经今天新疆、甘肃、陕西、山西、河北等地，共分为嘉峪关、潼关等六个主要站点。

当时，人们特地为这块玉料制作了一架轴长三丈五尺（十一二米）的特大专车。在车厢的两端，安装了数对铜制的扶手，就像牛的犄角。大车前有一百多匹马拉车，后面跟着一千多名役夫推运。走到山前，就凿岩开路；遇上大河，就导水架桥。到了冬天，就在路面上泼水结成冰道，在冰面上拽运。这样运输，一天最多只能走五六里的路。三年后，这块玉石才被运到了紫禁城。

清代诗人黎谦将这块玉的运输过程写在他的诗作《翁玉行》里："于阗飞檄至京师，大车小车大小图。轴长三丈五尺咫，堑山导水湮泥涂。小乃百马力，次乃百十逾。就中瓮玉大第一，千蹄万引行踌躇。日行五里七八里，四轮生角千人扶。……"

彼时是乾隆盛世，国力强大。此时的清朝已是垂暮之年，国力衰弱，面对运送二十吨重的前所未有的大玉，划拨的经费不仅无力制作更大的铁车，就连百马拉千人扶亦很难做到了。

新疆巡抚联魁上任不久，一门心思想往上爬，既然老天爷让他有运气找到这块大玉了，他铁了心要把这块玉运到京城去，利用这个机会在慈禧面前好好表现表现。

联魁把运送这块大玉当作升官的筹码，对这件事情非常上心。朝廷给的经费远远不够，他有办法，把缺口摊派给新疆本地的富商，说是替朝廷借的，巡抚借钱谁敢不借？这些富商是敢怒不敢言，只好乖乖交钱。

有钱能使鬼推磨，钱多自然好办事！

在那个没有大型机械，没有电动工具的时代，劈石采玉完全依靠铁锤、楔子、钢钎等简单工具，这些玉匠和民工发挥聪明才智，把这块二十吨重的"巨无霸"玉料在山上六面凿平后，再把底面磨光，利用高山上的低温和缓坡厚厚的积雪，再小心巧妙地滑至谷底。

在大雪封山、河水结冰时，再将大玉沿狭窄河谷运出山口。

出了山口以后就是戈壁和沙漠地带，没有了冰雪，这么大的玉料要怎么运输呢？这事难不倒勤劳又聪明的数百名运玉民工，他们将大玉磨光的底面朝下，用结实的圆木垫在玉料下面，用几十头牛拽，上百匹马拉，几百人用铁棍连推带撬，移动着圆木往前铺垫，艰难地驱动这件庞然大物。官兵掌握玉料前进的方向，防止发生偏移。就这样，在大家的协同运作下，这块"巨无霸"玉料一米一米地缓慢向前移动着。

　　冬季是运输这块大玉的最佳时间。运玉的队伍派出部分人马先在路上泼水冻冰，结成冰道后再在上面拽运玉料，每天只能走七八里路。塔克拉玛干沙漠边缘的小块绿洲之间，经常数十里地没有人烟。几百人的粮食、饮用水和上百匹马的草料消耗数量巨大，最怕的就是遇到断粮断水的危险。如果运输途中有人得病，那就听天由命全靠运气了。

　　由于史料的缺乏，花费的钱财物资已无法统计，据当地老人口口相传，运玉路上累死、病死的民工多达上百人。

玉料尚在途中，慈禧突然驾崩

运玉工使用最原始的方法，克服了我们无法想象的各种困难，用心血和汗水在古道上挪动着这个庞然大物，这本身就是一个奇迹。

随着时间的推移，运玉队伍的人员和马匹不断替补，奋力向前，日复一日地辛劳跋涉，年复一年地运送着大玉料缓缓行进。

转眼一千余天过去了，当玉料费了九牛二虎之力被折腾到千里之外的新疆库车县的时候，运玉工的万般痛苦和他们的忍耐几乎到了极限，就在反抗的怒火一触即发之际，从京城传来一个令人无比震惊的噩耗。

1908 年 11 月 15 日，慈禧太后在北京紫禁城内中海仪鸾殿驾崩了！！！

这是令人意想不到的消息，真是计划没有变化快！

葬礼迫在眉睫，这玉棺"远水"根本解不了"近渴"，慈禧的玉棺工程也只好作罢了。

玉工解放，砸玉泄愤

慈禧驾崩，这对运玉的民工来说可是个天大的喜讯！

寻玉、运玉路上经受的种种苦难和不幸，让他们恨透了这个穷奢极侈的慈禧太后。但他们没有机会接触到慈禧太后，愤怒和憎恨使他们丧失了理智，他们把所有的苦难和怨恨都发泄在这块最大最珍贵的玉料上，于是拿起所有能搞破坏的工具，疯狂敲打劈砍着这块无价之宝。虽然有官兵在现场，但他们无法阻止已经失去理智的众人。虽然和田玉坚硬无比，这些人竟然鬼使神差般地肢解了它。

我们知道，和田玉的硬度在莫氏硬度 6.5 左右，比钢制的刀具硬度还要高，已经坚韧到天下无敌的地步了，钢刀是割不坏和田玉的，锤子是砸不碎和田玉的。大玉之所以能被运玉的民工破坏，估计是这块 20 吨的和田玉自重太大，在运输过程中受到颠簸产生了内部裂痕，再加上外部破坏力的作用，就这样解体了。不管怎么说，反正玉棺工程终止了，大玉也被肢解了。那些小块的、中块的玉料被这些运玉民工搬走卖钱了，最后仅剩两件搬不动的残存玉料留了下来。

残玉的归宿

1949 年 11 月，解放军进驻库车县，库车县迎来解放。那两块遗留下来的玉料被作为清代文物存放在县委大院里，作为文物保护起来。当年砸玉人的后代经常来看这两块大玉，向围观的群众讲述那段催人泪下的历史……

1965 年 5 月，在新疆调研的中国地质博物馆研究员胡承志先生被库车县委院内的两块青白玉料吸引，驻足观察良久，陪同的县领导介绍了这两块清代遗存的青白玉料的不平凡经历。胡承志先生颇有感触，当即提议以中国地质博物馆的名义，协商征集这两块玉料作为重要展品。县领导经开会研究后欣然同意。

胡承志先生喜出望外，协调安排两辆汽车将这两件玉料妥善运抵乌鲁木齐，稍小些的玉料赠给新疆地矿局，摆放在新疆地矿局陈列馆展厅内。大件的玉料再用火车运输，于同年 9 月运抵北京。

谁也想不到，时隔 57 年后，这块大玉以这种特殊的方式来到了北京，成为中国地质博物馆的"镇馆之宝"。

如今，这两块清代遗存的和田青白玉料，像两个亲兄弟，分别在北京和乌鲁木齐供广大人民群众参观和摄影留念，向世人讲述着它们鲜为人知的悲壮历史，讲述着新疆采玉人和运玉人惊天地泣鬼神的英雄壮举。

"慈禧和田玉"的正面照

知识链接

莫氏硬度，是在矿物学或宝石学中使用的硬度标准。1822 年由德国矿物学家腓特烈·莫斯首先提出。

莫氏硬度是用刻痕法将棱锥形金刚钻针刻划所测试矿物的表面，并测量划痕的深度，该划痕的深度就是莫氏硬度，以符号 HM 表示。也用于表示其他物料的硬度。用测得的划痕的深度分十级来表示硬度（刻划法），硬度值并非绝对硬度值，而是按硬度的顺序表示的值。

莫氏硬度参照表

硬度	材质
1.5	铅
2	琥珀
2.5	象牙
3	大理石
4	蓝田玉
5	绿松石
5.5	不锈钢刀具
6	黑曜石
6.5	和田玉
7	翡翠
8	绿祖母
9	红宝石　蓝宝石
10	钻石

第十篇

镇国之宝——渎山大玉海

位于北海公园南门外的团城，是一座具有独特风格的园林，可谓北京的城中之城。团城中有棵金朝时期种植的古松，因树的最下面枝干向南屈伸，腰部向东折弯，上部枝干又反向西北，树冠遮天蔽日，占全了四个方位，被乾隆皇帝封为"遮阴侯"。遮阴侯的东南方向有座承光殿，当年乾隆皇帝下旨在殿前修建了一座精致的玉瓮亭，亭内的汉白玉莲花底座上安放着一个硕大的玉瓮，每天向千万游人展现着它雄伟壮丽的风姿，它就是闻名中外的元朝特大型玉雕——渎山大玉海。

客观地说，渎山大玉海给人的第一印象并不"惊艳"，它看上去没有珠光宝气，也没有富丽堂皇，造型显得有些怪模怪样，颜色甚至有点土里土气。但是令很多人不解的是，许多外国游客来到北京，都会迫不及待地到团城玉瓮亭一睹渎山大玉海的风采，然后再去游览其他的景点。

更令人意想不到的是，就是这个貌不惊人的大玉瓮，居然在2012年《国家人文历史》杂志举办的中国文物"镇国之宝"的评选中一举夺魁，成为镇国玉器之首。

那么问题来了，这个渎山大玉海究竟有什么过人之处，能让那些外国游客蜂拥而至呢？它又是凭什么获得了专家学者们的一致认可呢？

带着这些疑问，让我们走进历史长河，从渎山大玉海产生的时代背景开始，一步步揭开这件"镇国之宝"的神秘面纱。

忽必烈的政绩工程

　　1206 年，成吉思汗统一蒙古各部，建立大蒙古国，随后向黄河流域扩张，一路上攻城拔寨，先后灭掉西辽、西夏、花剌子模、金、大理等政权。

　　1260 年，成吉思汗的孙子忽必烈称帝，建元"中统"，定都开平府（今内蒙古锡林郭勒盟正蓝旗驻地上都镇）。1271 年，忽必烈改国号为"大元"，次年定都大都（今北京）。1279 年，彻底灭亡南宋流亡政权，结束了自唐末以来长期的分裂局面。

　　统一中国的忽必烈非常兴奋，决定用玉制作一个前所未有的、举世无双的巨型盛酒器来庆功纪念，同时也可以用这个巨型盛酒器来犒赏众将士。

　　用现在的话说，这是忽必烈的政绩工程，虽然想法非常好，元朝的财力也允许，但是谁又能有这么大的本事来完成这件前无古人的惊世之作呢？

　　忽必烈想到了"玉神"丘处机，于是全权委托丘处机来完成他的心愿。丘处机一开始并没有答应，因为这件事情实在太难办，他也没有多少把握。后来因为他弘扬道法需要忽必烈的大力支持，只好硬着头皮接受了委托，带领众弟子到河南南阳寻玉，终于找到了一块硕大无比的独山玉料，然后又费尽周折带回北京，花了三年时间雕琢成了元朝镇国之宝——渎山大玉海。

　　渎山大玉海是一件巨型盛酒器，又名玉瓮、玉钵，是用整块独山玉精雕而成椭圆形，主体呈青白色，间或有黑灰色，玉质斑驳变幻颇具神秘气息。内膛掏空，直径135~182厘米、高70厘米，最大周长493厘米、膛深55厘米，重达7000斤，忽必烈大宴群臣时可够数百人同时饮用，如此"海量"，称它为大玉海可谓名副其实。

渎山大玉海外壁雕饰有波涛汹涌的大海图案，周身随玉的自然形状肌理雕饰有腾跃海浪波涛中的十几种动物，上方刻的是龙和螭，周身遍施鳞片，浮于大海，充满神秘气息，象征蒙古可汗。下方刻有羊、鲤鱼、犀、螺、蟾、蚌、鳌鱼、马、兔、豚、鼠头鱼等动物，形体各异，神采俱佳，代表四方臣民，它们从波涛翻滚的大海中腾跃而出，仿佛前往龙宫参拜龙王，祝福献礼。玉瓮利用了玉色黑白的变化，勾勒出起伏的波浪，刻画出动物轮廓，表现了光的明暗，在运用俏色上匠心独运。

渎山大玉海的制作，继承和发展了中国琢玉工艺上"量材取料"和"因材施艺"的传统技巧，采用浮雕和线刻相结合的表现手法，既粗犷豪

渎山大玉海

放，又细致典雅，动物造型兼具写实气质和浪漫色彩。

据《元史·世祖本纪》明文记载："至元二年（1265年）十二月己丑，渎山大玉海成，敕置广寒殿。"这个时期，元朝在北京地区的皇宫还未修建，大都城还没有影子，广寒殿是忽必烈在北京地区最初的执政场所，由此可以看出渎山大玉海的重要性。

渎山大玉海琢制成功后，按照元世祖忽必烈的旨意，将它放置在琼华岛（今北海公园内）广寒殿里，于是琼华岛广寒殿就成了忽必烈大宴群臣、犒赏三军的场所。这尊大玉海可盛酒三十余石，相当于三千六百瓶一斤装的白酒。忽必烈经常用它盛酒，大宴群臣及军中武士。

名声在外的国宝

1961 年，国务院将北海团城列为全国重点文物保护单位，安放在北海公园团城内的渎山大玉海受到了更加精心的保护。

对于这件玉器，很多中国人都不太了解，即使知道，对它的兴趣也不会超过故宫和长城，甚至不及北京的王府井大街。那些国外游客则截然相反，他们是从哪里听说渎山大玉海的呢？

原来，早在 600 多年前，来过北京的两位西方名人就已经为这个大玉海进行了大肆宣传，通过他们渎山大玉海巨大的文化影响力已经传遍世界。

1318 年，意大利旅行家鄂多立克曾经到访过北京，亲眼目睹了元世祖忽必烈在广寒殿大宴群臣的热烈场面，他用拉丁文在回忆录 *The Travels of Friar Odoric* 一书中记载："皇宫中有一个大酒瓮，加上底座差不多有两米高，用一种叫作密尔达哈的宝石制成。它是那么精美，瓮旁有许多黄金酒杯，人们可以随意饮用。"

他还写道："魔术师让盛满美酒的黄金杯飞过空中，送到宾客的嘴边。这些事和许多别的事都是在君王（忽必烈）面前发生的。这位君王的威风，以及在他的皇宫中发生的事情，说起来会让那些没有亲眼看见的人难以相信。"

这个记载先后被翻译成法文、英文传遍整个西方世界。

另外，《马可·波罗游记》中也提到了这件玉雕，并用一个很形象的对比描述了它的价值："斯里兰卡国王拥有一颗大红宝石，在当时已是天价，但仅值一座大城，而渎山大玉海价值四座大城。"

在今天，我们依然可以想见当年的欢庆场面。太液池中碧波荡漾，广寒殿里灯烛高悬、人头攒动，渎山大玉海里装满了琼浆玉液，伴随着欢快的歌舞，君臣们开怀畅饮，彻夜不眠。

随着他们两位的著作在西方广泛流传，通过他们生动形象的描述，西方人也了解到渎山大玉海所拥有的非凡价值和神圣地位，并对它产生了极大的兴趣。所以很多西方游客来到北京，都会迫不及待地到北京北海团城玉瓮亭一睹渎山大玉海的风采。

历史的车轮滚滚向前，从来没有为哪个朝代驻足停留。在元朝和明朝的战争中，随着元朝的垮台，这个镇国之宝便不知去向。在后来的明清两朝中，这件大玉海又有什么样的传奇经历呢？

价值连城的腌菜缸

元朝歌舞升平的日子没过多久，转眼就到了 1368 年，明朝大将徐达率领大军攻占了元大都，元顺帝率领部分蒙古贵族仓皇退回到漠北草原，包括元朝皇宫里的无数珍宝都成了明朝的战利品，偏偏渎山大玉海却不翼而飞，遍寻无果，怎么找都找不到。

原来丘处机的弟子们担心渎山大玉海毁于战火，趁着兵荒马乱的间隙，把大玉海藏到了西华门外真武庙中，又把底座藏到了别处。大玉海的玉料是青绿色，他们对外宣称是用来腌制咸菜的石头大缸，为了掩人耳目，只能假戏真唱，这一腌就是 300 年。明朝总共 276 年，这期间愣是没人发现这个秘密。

到了清朝以后，康熙五十年（公元 1711 年）重修真武庙时，清朝官员终于发现这个用来腌菜的石头大缸非同寻常，仔细观察后看出来是用玉做的，当时清朝官员们并不知道这个玉缸的来历，于是命名为"大玉钵"，将真武庙改名"玉钵庵"，连庵前的胡同也改成了"玉钵胡同"。

1736 年，爱玉成癖的乾隆皇帝登基后，更是不遗余力地收集各种美玉，历朝历代的精美玉器都成了他收藏的对象，渎山大玉海自然也名列其中，但他也不知道渎山大玉海究竟在哪里，找了好多年也没有找到。

乾隆十年（1745 年），有翰林院的学者到玉钵庵里游玩，看来看去总觉得此钵不像是民间的器物。此人回去后翻寻各种资料，考证研究发现这就是遗失数百年的大玉海，于是上奏乾隆皇帝报喜。

就这样，热衷于珍宝收藏和鉴赏的乾隆皇帝，终于找到了这个失踪几百年的稀世之宝——渎山大玉海。喜出望外的乾隆皇帝下旨，将渎山大玉海"以千金易之，置承光殿保管"，命令内务府拨上千两银子赏赐给玉钵庵，表彰那些保护国宝的道长，大玉海暂放在北海团城承光殿内保管。

1746 年，乾隆皇帝为了彰显"渎山大玉海"浑雄博大、气势磅礴的独特魅力，对北海团城进行了大规模的扩建，形成了今天的规模和格局。乾隆皇帝命人在承光殿前修建了一座亭子，取名为"玉瓮亭"，专门用来安放渎山大玉海，并且给大玉海配置了一个新的汉白玉雕花石座，可谓煞费苦心。

清朝看守玉瓮亭的官员

现在的玉瓮亭

玉瓮亭建好后，乾隆皇帝专门赶来欣赏"渎山大玉海"，他踱着步围着大玉海转了三圈，脸色渐渐地从兴奋变为愠怒！原来在"渎山大玉海"的外壁表面，既雕琢有飞舞的天龙，又有怒啸的海兽。乾隆从中发现了一个大问题，纹饰中的龙鳞与海兽鳞的纹路，居然一模一样。

在古代封建王朝中，等级制度极为森严，龙是皇帝的专属象征，而海兽却是更低一级的"臣子"。"渎山大玉海"上的龙鳞与海兽的鳞相同，岂不是意味着皇帝的地位与臣子相同了吗？岂不是君臣没有尊卑之别了吗？这还得了？乾隆皇帝当即大怒，立刻命人将"渎山大玉海"重新雕刻。

造办处的官吏连忙组织工匠重新雕刻"渎山大玉海"。乾隆对这个事特别重视，事必躬亲，"渎山大玉海"前前后后修改了四次，花了四年的时间，才让他满意。

1750 年，渎山大玉海修改完成，除去龙身颈之外，所有的海兽的鳞甲以及海饰图案都被大面积修改，全部由元朝时期风格变成了清朝的雕刻工艺，这就是如今渎山大玉海整体风格透露清朝玉雕特点的主要原因。

乾隆对焕然一新的渎山大玉海很满意，几杯酒下肚诗兴大发，即兴创作《玉瓮歌》三首，加上题序作注共八百多字，详细地介绍了这件玉器的来历和流传经过，命玉工镌刻在玉器的膛内侧壁上。

序曰："玉有白章，随其形刻为鱼兽出没于波涛之状，大可贮酒三十余石，盖金元之旧物也。曾置万寿山广寒殿内，后在西华门真武庙中，道人做菜瓮……命以千金易之，仍置承光殿中。"

此外，乾隆还命四十名翰林学士每人赋诗一首，刻于玉瓮亭的亭柱之上。

我们从乾隆皇帝写的序中可以看出，在持续多年的战乱中，丘处机的弟子们为了保护祖师的遗作，将这个宝物运回道观腌咸菜，以此作掩护总算保护住了国宝。可惜原来的底座和大玉海失散，下落不明。

多年来，人们一直在寻找渎山大玉海的原配底座，一直期盼着元朝的渎山大玉海与底座能早日团聚，恢复历史上最完整的原貌，焕发出昔日的雄姿异彩。

直到 1988 年的春天，好消息姗姗来迟，失踪三百多年的渎山大玉海原配底座在北京法源寺内被发现。

该底座有八面八足，为双层雕，其上雕刻有龙兽、浪花等图案，刀法圆润，气势雄伟。它与"渎山大玉海"的玉质、色彩、纹饰雕刻风格完全一致，两者配放在一起显得浑然天成。

国宝与底座历经三百多年的分离，终于破镜重圆……

存放在法源寺的渎山大玉海底座

知识链接

　　元朝是中国历史上第一个由少数民族建立并统治全国的封建王朝，尽管享国时间只有短短的 97 年，但元朝时期国力强盛、经济发达，所以才能创作出具有划时代意义的"渎山大玉海"。元朝统治者为何把这件玉器命名为"渎山大玉海"呢？"渎山"一词是想表达什么用意呢？后人对"渎山"进行了各种猜想，一说是因玉料产于"渎山"而得名；另一说是因当时放置大玉海的琼华岛四周被水包围，故称为"渎山"；还有一种意见认为玉海上雕刻有山渎等纹饰，因而称"渎山"。

　　现在比较统一的说法是渎山大玉海的"渎山"二字，通假"独山"。独山在河南南阳的西北，是中国传统的玉材产地。独山玉，因产自河南省南阳市北郊的"独山"而得名，又称"南阳玉"，是中国独有的玉种。独山玉质地坚韧致密、细腻柔润，色彩斑驳陆离，常常是由两种以上的颜色组成的多彩玉。颜色有绿、白、红、黄、紫、蓝，应有尽有，能分成九大类一百多种，其多彩性是其他玉种所无法比拟的。独山玉不是翡翠，但高档的独山玉接近透明，翠绿色的硬度可与翡翠媲美；独山玉不是和田玉，但玉质凝腻柔嫩，丰腴可人，颇具和田白玉品质。也正因为如此，国人将其和新疆和田玉、辽宁岫玉、陕西蓝田玉一起称为中国四大名玉。

大玉海诞生700多年来，到底是由什么玉石雕琢而成的呢？围绕这个问题一直争论不休。后来，由文化部中国传统促进会、亚洲珠宝联合会等单位主办的中华宝玉石文化高层论坛上，经过20余名国内知名玉器考古、收藏专家仔细观察、研究，并与南阳的独山玉样品反复对比、鉴定，认定"渎山大玉海"玉料为独山玉。至此，一桩"千古悬案"一锤定音。

拓展阅读

渎山大玉海是中国五千年文明史中第一件特大型玉器，是作为幅员辽阔的元朝的镇国神器登上历史舞台的，从玉器发展史看，确系里程碑式的作品。它在历史上流传有序，元明清三代都有详细的档案记录，承载的历史和文化非常丰富。

尽管渎山大玉海经过清朝工艺的修复及加工，已经不是真正意义上的元朝玉雕，但它仍是中国现存最早、形体最大的传世玉器，继承和发展了宋朝和金朝以来的雕刻手法，其雕琢因材随形施艺，俏色处颇具匠心，代表了元朝玉作工艺的最高水平，是独山玉登上中国玉坛顶峰的标志。元世祖忽必烈把它放置在琼华岛的广寒殿中，作为酒器在大宴群臣时使用，意在反映元初版图之辽阔，国力之强盛。大玉海从广寒殿到真武庙（玉钵庵）到北海团城，也间接反映了北京的历史变迁。2012年渎山大玉海被《国家人文历史》杂志评为镇国玉器之首。

第十一篇

中华苏维埃共和国

国家银行玉印

印者，信也，权也。

古往今来，印，对于中国人的意义非凡，既是一份神圣的权力，也是一份克己的责任，更是一段厚重的历史。

在江西瑞金中央革命根据地历史博物馆内，一枚特殊的玉印在柔光的映照下，散发着历史的光辉，这就是中华苏维埃共和国国家银行玉印。

每日前来展厅参观的游客络绎不绝，却鲜少有人知晓这枚玉印的传奇经历和丰功伟绩，今天我们就来揭秘这枚极具传奇色彩的玉印……

一枚玉印的历史回声

中国传统文化历来推崇诚信，春秋战国时期，《左传》中便对诚信有了阐述，即所谓，"信者，言之瑞也"。

"牺牲玉帛，弗敢加也，必以信"，玉借助其物理特质和丰富内涵，在那个年代便已成为周礼文明及其诚信道德内涵不可替代的器物。

纵观周朝的玉器，已经形成了以"信"为核心含义，专门用于人际交往的符号系统，"以玉作六瑞，以等邦国"（《周礼·春官·大宗伯》）。

历史上，中国人以玉取信，施信于人，取信于己。

所以从秦朝起，国家的信誉都是用玉玺来表示的。国家最高权力用玉玺表现，我们个人的信誉则用盖章表现。西方人通常认签名不认章，中国人过去是认印章不认签名，这就是玉文化的特殊影响力。关于这枚象征着红色政权金融信誉的玉印故事，要追溯到1932年。众所周知，中华人民共和国成立于1949年10月1日。但很多人不知道的是，1931年11月7日，早在土地革命时期，中国共产党曾经在江西瑞金建立过中央政权机构，就是中华人民共和国的雏形——中华苏维埃共和国临时中央政府，首都定在江西瑞金，毛泽东担任主席。

在该政权运行期间，颁布了宪法，发行了货币，设计了国旗，同时将其所属控制区域称为"苏区"。中华苏维埃共和国中央政府的建立，标志着中国共产党领导建立的政权首次登上了中国的政治舞台，是中国共产党建立人民政权的探索和尝试。因第五次反"围剿"战争的失败，中华苏维埃共和国中央政府被迫于1934年10月撤离江西苏区，1935年10月转移至陕甘苏区，首都由江西瑞金迁至陕西延安。

虽然中华苏维埃共和国在历史上只有短短3年的时间，但是取得的成绩和历史经验是非常宝贵的，因为中华苏维埃共和国的建立，无论是在政治、军事、金融经济、文化建设等方面都有了很大的突破，特别是在金融方面，中华苏维埃共和国取得了很大的成就。

1932年2月1日，中华苏维埃共和国临时中央政府设立了国家金融机关，也就是中华苏维埃共和国国家银行，这是中国共产党领导下的革命政权建立的第一个国家银行，成立后建立了苏区金融体系，为统一苏区货币、稳定苏区金融作出了巨大贡献。

中华苏维埃共和国国家银行成立之初，设在江西瑞金叶坪村一幢普通农家小院里，环境非常简陋，办公面积不足200平方米。楼上楼下共有一个小厅和四个房间，楼下小厅作营业室，另一个房间作库房；楼上三个房间，一间是毛泽民行长的办公室兼卧室，另外两间和房外走廊是男女员工的宿舍；再加上几张桌子几把算盘，启动资金仅20万元，这就是中华苏维埃共和国国家银行的全部家当，后来被媒体称为全世界最小的国家银行。因为金融知识烦琐又复杂，国家银行的工作人员白天工作，晚上学习专业知识，经常是不辞辛苦，通宵达旦地工作，为我党提供有力的金融支持。

国家银行成立之初总共有5人，其中毛泽民担任银行行长，曹菊如担任会计科科长，赖永烈担任业务科科长，莫均涛担任总务科科长，钱希均担任会计。

建行之初面临最大的问题是没有印章！

苏维埃国家银行的财政来源主要是战争中缴获的物资，每逢红军有重大作战行动，国家银行都会组织征集委员会随部队到前方筹粮筹款，这个时候需要在各种凭据上盖印章。

　　除了筹粮筹款外，国家银行还有一个重要使命是取缔伪钞杂币，发行新的货币、统一苏区的金融，没有印章就没有办法行使国家银行职权。毛泽民决定要刻一枚国家银行的行政章，他在当地找了很多材料，比如松石、紫砂、黄杨木等，但是都没有让他觉得满意的。毛泽民是个做事非常用心的人，他认为国家银行的印章非常重要，要能经得起历史的检验，印章的材质绝不能将就，如果是和田玉就好了。

　　毛泽民早年读过私塾，在安源路矿从事工人运动时，还在工人夜校担任了一段时间的教员。受长兄毛泽东的影响，他也喜欢研究中国的传统文化，自然而然地对玉文化有一定的了解。因为玉从古至今都是制印的最佳材料，在国人心目当中有很高的地位和权威。

　　有一天，毛泽民遇到了在财政人民委员部担任部长的邓子恢，财政部的仓库里有很多打土豪的物资。毛泽民问他有没有可以用来刻印章的和田玉，说自己现在很着急。

　　邓子恢非常理解毛泽民的心情，因为苏维埃国家银行是苏维埃共和国开设的第一家银行，它将对苏区的经济金融带来很大的影响和改善，乃至以后对全国金融都会起到至关重要的影响，而这枚印章将在苏维埃国家银行的所有重要文件上盖章，它的材质既要经久耐用，又要体现出苏维埃国家银行的历史地位和作用。

　　于是，邓子恢就去财政部的物资仓库里翻找，物资仓库里的东西比较杂乱，他找了好几天，在一处角落里翻到了让他眼前一亮的红木匣子，这个红木匣子非常精致，捧在手里沉甸甸的，打开后有几层红布，邓子恢小心翼翼地把红布一层层打开，终于看到了裹在其中的宝贝，他顿时心花怒放，心想终于找到了。

　　红木匣子里面用红布包裹的正是一块上等的和田玉料！玉，是这个世界上非常神奇的宝物，它就在苏维埃国家银行最需要它的时候来了！

邓子恢兴高采烈地捧着红木匣子去找毛泽民，愁容满面的毛泽民看到这块玉顿时开怀大笑。

材料有了，雕什么好呢？

毛泽民又请了当地最有名的玉雕师傅，把这块玉雕刻成高 6.3 厘米、宽 2.4 厘米的方形玉印，印纽上雕有一尊腾云驾雾的文财神——财帛星君的造像，财神慈眉善目、衣衫飘飘、栩栩如生。

这块玉的正下方也就是印纽的印面，毛泽民也请这位雕刻师傅用阳刻隶书刻下了方方正正的"国家银行"四个大字，自此苏维埃共和国国家银行印章诞生了，象征着中华苏维埃共和国金融信用体系从此建立。

中华苏维埃共和国国家银行玉印

中华苏维埃共和国国家银行玉印

　　苏维埃国家银行成立后，颁布了《中华苏维埃共和国国家银行暂行章程》，对国家银行国库资本、业务、组织、决算以及纯利分配等作出规定，并在最后落款处第一次盖上了中华苏维埃共和国国家银行的印章。

　　国家银行成立之后的首要任务就是统一货币，取缔伪钞杂币，发行苏维埃货币；建立独立的货币制度，统一苏区的金融，支持当地人民和红军。1932 年 7 月，国家银行首批国币正式开印，面额包括伍分、壹角、贰角、伍角和壹圆 5 种，半年内合计印刷 65.61 万元。国家银行还行使着代理财政金库的使命。从此，这枚小小的印章就一直作为最高金融管理机构的职权工具，在中央苏区各省县建立银行机构、统一货币，平衡财政收支等工作中发挥着不可替代的作用。

在毛泽民的领导下，国家银行管理得法，经营有方，在短时间内迅速发展壮大。到长征前，总行共设 7 个科和 1 个总金库，工作人员增加到七八十名。

随着国家银行的发展壮大，办公地点也随之不断地发生变化。中华苏维埃共和国国家银行先后在三个地点办公——最开始在叶坪设立，1933 年 4 月从叶坪迁驻沙洲坝，1934 年 7 月迁驻云石山黄陂村。这枚玉印也见证了中华苏维埃共和国国家银行"迁徙"的轨迹。

红军第五次反"围剿"失利后，直接导致湘鄂赣苏区被国民党军队血洗，中央决定战略大转移，从此开始艰苦卓绝的长征。在长征途中，红军一直使用中华苏维埃共和国国家银行的纸币。

长征前夕，国家银行被划归到中央纵队第十五大队，已经暴露的国家银行成为国民党军队的重点目标。国家银行全体工作人员的心情都非常沉重，他们一言不发地忙碌着，整理整个国家银行的 200 多担金银珠宝和贵重物资，在担筐上贴了封条并加盖国家银行印章。在苍茫的夜色中，中华苏维埃共和国国家银行机关离开云石山，踏上漫漫长征之路。

不久，在撤离的过程中发生了遭遇战，为了突破敌人包围圈，保护银行机密文件的安全转移，许多先烈以血肉之躯和装备精良的敌人肉搏，粉身碎骨也要杀出一条血路。等大部队转移到了安全地点，发现负责保护银行玉印的同志在转移的过程中失踪了，十有八九是不幸牺牲了。待战事平息后，毛泽民派人折回去寻找玉印的下落，却始终杳无音信。

就这样，珍贵的银行玉印没能随大部队到达长征的终点，而是被遗留在了云石山这片土地上，自此消失在人们的视野之中。

从 1934 年到 1953 年，整整 20 年的时间里，这枚象征着湘鄂赣省苏维埃政权的大印一直下落不明。直到一次机缘巧合，这枚大印失而复得。

一枚印章的奇妙缘分

中国人一直相信缘分的说法，有时候不得不说缘分这东西的确是妙不可言。这枚苏维埃银行玉印，有多少革命同志有意寻之，却始终寻而不得。但发现这枚印章的云石山村民梁仕伦却颇有些"得来全不费工夫"的意味。

新中国成立前夕，梁仕伦上山砍柴，砍着砍着，脚底下突然踩空跌了一跤，爬起来一看，脚下踩空的地方原来埋着一个用铁皮箍着的木箱，年头久了铁皮已被腐蚀断掉。

梁仕伦小心翼翼地把箱子打开，上面的账册已经粘到了一起，字迹已经辨认不清，最下面有个大印章，倒是没有损坏。梁仕伦赶紧把印章拾起来，仔仔细细端详了一番，雕刻的人物他看着很眼熟，但就是不知道叫什么。他又用自己的衣袖擦了擦印底，想要辨认上面的文字，玉印在阳光下闪着荧光，"国家银行"四个大字熠熠生辉。

"国家银行"这四个字他是认识的，他猜测这枚印章十有八九和红军有关系，应该是个值钱的物件儿，他听老人说过这一带打过仗，时不时地有人从田地里挖到过人骨，当然也有武器和其他物资。梁仕伦找到有泉水的地方把印章洗干净，脱下自己的外套把印章包起来，带回了家里并珍藏起来。

1953 年，瑞金革命纪念馆开始征集文物，梁仕伦听到消息后没有丝毫犹豫，把这枚珍藏的中华苏维埃共和国国家银行玉印捐献出来，经确认立即成为瑞金革命纪念馆的镇馆之宝。

40 年后，这枚见证了中华苏维埃共和国金融发展史的印章被鉴定为国家一级文物。这枚见证了硝烟弥漫、艰苦卓绝的革命战争年代，见证了中央苏区金融发展历程的玉印，还上过中央电视台《焦点访谈》和《国宝档案》栏目，静静地讲述它那传奇的故事。

瑞金革命纪念馆中的国家银行玉印

知识链接

1931 年 11 月 7 日至 20 日，中华苏维埃第一次全国代表大会在瑞金叶坪隆重开幕。出席大会的有来自中央苏区、闽西、赣东北、湘赣、湘鄂赣、琼崖等苏区的代表，以及红军、全国总工会、全国海员工会等代表，共 610 人。越南、朝鲜的来宾也应邀出席大会。大会通过了《中华苏维埃共和国宪法大纲》《中华苏维埃共和国土地法》《中华苏维埃共和国劳动法》《中华苏维埃共和国关于经济政策的决定》等法律文件，宣告了中华苏维埃共和国临时中央政府的成立。从此，一个崭新的红色国家政权在世界的东方诞生了！这个政权性质是无产阶级领导的反帝反封建的新民主主义革命的人民民主专政，它宣布中华民族的完全自主与独立。

1931 年 11 月 27 日，毛泽东在中华苏维埃共和国中央执行委员会第一次会议上，当选为中央执行委员会和人民委员会主席，"毛主席"之称始于此时。

1934 年 10 月，中央苏区第五次反"围剿"失败，中华苏维埃共和国中央政府被迫放弃中央苏区，随中央红军主力长征。同月，组建中华苏维埃中央政府办事处，统一领导中央苏区留守军民的斗争。

1935 年 5 月，中共西北特委组建中华苏维埃共和国西北联邦。中华苏维埃共和国政治体制演变为联邦制。10 月，中华苏维埃共和国中央政府抵达陕甘苏区。11 月，中华苏维埃共和国变更对外名义称"中华苏维埃共和国中央政府西北办事处"。

1937 年 9 月 6 日，随着国共合作抗日局面的形成，"中华苏维埃共和国中央政府西北办事处"更名为"中华民国陕甘宁边区政府"。至此，历时 5 年零 10 个月的中华苏维埃共和国完成了光荣的历史使命。

第十二篇
鲜为人知的"中华民国之玺"
和"中国国民党之玺"

同根并蒂的百年之玺

从秦始皇统一天下到新中国成立，在两千多年的漫长岁月里，每个朝代和政权都有玉玺，中华民国时期也不例外。

中华民国的玉玺有两枚，分别为"中华民国之玺"和"中国国民党之玺"，均由绝无仅有的极品翡翠琢治而成。

两岸逾半个多世纪的敌对隔绝，这两枚玉玺已成为历史的物证，围绕这两枚玉玺发生的寻玉、献玉、琢玉的史实，对两岸同胞来说都是鲜为人知的。

1911 年 11 月 29 日，各省代表选举孙中山先生为中华民国临时大总统，中华民国就此开国。

1928 年 8 月，国民党二届五中全会选举蒋介石为中华民国国民政府主席，蒋介石上台后为了显示新政府新气象，不打算沿用 1914 年制作的"中华民国之玺"，开始谋划制作新的"中华民国之玺"！

依据负责制作此玺的印铸局局长周仲良亲笔所述："国民政府于民国十七年（1928 年）十一月二日第五次国务会议决议'制作中华民国之玺一方'，续于第八次国务会议核定玺文与尺度，惟以相当玉材难得，久未能制。"

由上述可知，当时"国玺"的款式和大小都已设计好，只差合适的治玉材料了。

到底用什么材料好呢？黄金？铜？和田玉？翡翠？

既然要做中华民国的"国玺"，当然得由当时的最高领导人蒋介石来定夺了。蒋介石对此事非常重视，和夫人宋美龄聊天时，兴致勃勃地提起了制作"国玺"的事情。万万没想到的是，在围绕选材的问题上，他们夫妇竟然意见相左，甚至起了争执。

蒋介石上过私塾，读过传统文化经典，在他的心目中，和田玉有着至高无上的地位，中华民国时期的最高荣誉勋章——"采玉大勋章"，就是在他的主张下，用和田玉制作的。

宋美龄就不同了，她年幼时便赴美求学，深受西方教育的影响，是在西方的文化洗礼下长大的。她曾在一篇文章中写道："我已经不大会说中国话，不习惯吃中国饭菜，不像一个中国人了，只有我的脸还像个东方人。"宋美龄并不了解和田玉在中国历史进程中的地位和作用，她在美国接触过翡翠并且很痴迷，因此她的意见是用翡翠制作"国玺"。

争执到最后，蒋介石作出了妥协，指示印铸局局长周仲良，制作"中华民国之玺"的材料要用翡翠材质，还命令由绰号"南天王"的两广特派员陈济棠办理此事。陈济棠接到命令后，马上安排心腹干将到云南省腾冲市寻找翡翠原料。这个心腹通过广东侨领带路到云南会馆找到"亦成记"商号的当家人马尚卿，因为他们知道马尚卿是相玉赌石的行家高手，实力非常雄厚，找他帮忙寻找翡翠原料心里有底。

陈济棠派来的心腹对马尚卿说明了寻找翡翠原料的原委和要求，马尚卿听后非常激动，深感使命光荣，责任重大。

马尚卿通知所有他认识的翡翠商家，说是有大客户寻料，有上等好货速速送来。不出几日，来送料的商家踏破了"亦成记"商号的门槛。经过多方比较，终于找出一块大小适中的极品翡翠原石，是已切开窗的明料，叫翠点梅花，质地细腻，熠熠生辉，贵气逼人。

有道是天生我材必有用！说是天意也好，缘分也好，这块原石就等着雕琢治国玉玺的时候派上用场，是治大印的最理想材料，国玺重器非其莫属。

陈济棠的心腹大喜过望,想不到这么顺利就能完成使命,这块原石的价格虽然非常昂贵,但他没有还价,正准备出钱买下时,却被马尚卿拦下。

马尚卿说这块原石是用来雕琢国玺的,我是个爱国商人,这块原石我自己出钱买下,再捐赠给国家,就算为国家做贡献了。

陈济棠的心腹说这是公事,应该公事公办,这钱您不能出。马尚卿则坚持自己出,陈济棠的心腹说您出也行,然后我再把钱给您,也算了结您的心愿。马尚卿则坚持分文不取,推辞不过只得作罢,后来给马尚卿出具了收条,并要求严格保密,在大印公开启用之前,绝不能向外界透露任何信息。

马尚卿知道其中的利害关系,当场应允,绝不食言。

1929 年夏,这块翡翠原石由缅甸运到广州后,陈济棠请托国民政府文官长古应芬送到南京,经第 31 次国务会议决定以此原石治成国玺,经第 32 次国务会议核定完国玺的图样,交由监制国家关防印信的印铸局局长周仲良负责监督执行。由施震华(号子肩)负责设计绘图,印文由王禔(号福厂)书写篆体字"中华民国之玺",最后由玉雕大师陈世科及其子陈燮完成雕刻工作。琢治工作从 1929 年 7 月 1 日开始,10 月 9 日完成,10 月 10 日启用。

马尚卿献赠的翠点梅花翡翠原石送到南京后,铸印局称重是 9 公斤,又经过多位专家的相玉斟酌,选择取舍后决定一分为二,选其中玉质最好的一块用作国玺材料。

"国玺"雕琢完成后重 3.2 公斤,底部高 4.3 厘米,连纽部分全高 10 厘米,玺纽设计为四环柱,典故出自《虞书》十二章,取中华文明达于四海之表意,玺面为四方形,13.3 厘米见方,并系有宝蓝色丝穗。玺纽上刻有青天白日国徽,并系有宝蓝色丝穗的绶带。

中华民国之玺

中华民国之玺

"中华民国之玺"琢治完成后，剩余的一块原石怎么处置呢？当时国务会议议决只确定了要琢治"中华民国之玺"，并没有说剩余的原石怎么办，这么珍贵的原石绝无仅有，实属罕见，如果浪费了就实在太可惜了。时任印铸局局长的周仲良是老同盟会会员，他是贵州黎平人，曾任"国父"孙中山的秘书，可谓德高望重。他不愿暴殄天物，也不敢自作主张雕琢别的物件，最后还是蒋介石拍板，再制作一件"中国国民党之玺"，这才成就了翠点梅花翡翠因材施艺的最大用途，也成就了中华民国"国玺"和"党玺"孪生并蒂的佳话。

"中国国民党之玺"的启用时间比"中华民国之玺"晚了 41 天，直到 1929 年 11 月 20 日方正式启用。

而"国玺"和"党玺"的最大差别，是玺纽、玺顶的设计不同。在形制上，"中国国民党之玺"的玺纽为五台阶，在最上阶近顶处的四边各镌刻有五个回纹，与"中华民国之玺"的四环柱上镌刻的《虞书》十二章完全不同。除此之外，两玺重量相差无几，纽顶同样镌刻青天白日徽，玺面同为 13.2 厘米，总台高同为 9.2 厘米，同是由王褆先生写的阳篆（朱文），同样系有宝蓝色丝穗的绶带。

"中国国民党之玺"启用后，由国民党中央委员会秘书处指派专人负责保管，后来由国民党中央委员会的行政管理委员会负责保管，其用途为：1. 用于新当选国民党主席证书；2. 用于国民党中央颁授之隆重勋章；3. 用于国民党荣典与颁匾；4. 其他经特准之用途。

实际上，该玺除了每四年换届当选的党主席就职宣誓时使用一次，其余典仪从不使用。"中国国民党之玺"平日存放于台湾银行的保险柜里，没有经过党主席、全国代表大会主席团或中央委员会的核准，任何人不得开启使用。所以迄今为止，没有几个人见过这枚"党玺"的真身。

熟悉玉雕的朋友都知道，玉石雕刻过程中总会剩余一些边角料，那么

中华民国之玺与中国国民党之玺

问题来了，这两枚玉玺琢治后剩余的玉料去哪里了呢？

曾任国民党考试院长的戴传贤在回忆录里揭开了这个谜底："国民政府建都金陵（今南京）后，先后用翡翠制玉玺两方；其一是'中华民国之玺'，其二是'中国国民党之玺'；所余之玉料，制成小的玉印六对，主席与五院院长各得一对；另所余者，制小印若干方，参与制玺的高级官员，各得一方，以资纪念。"

玉玺流落宝岛台湾

1948 年 5 月 20 日，蒋介石一身长袍马褂，一口江浙乡音，伴随着 21 响礼炮，宣誓就任中华民国总统。他上任后还设置了一位典玺官，专门负责看护"国玺"。

蒋介石的总统梦没做多久，就被他的政敌赶下了台。

1949 年 1 月 21 日，南京中央社播发了蒋介石的声明："战事仍然未止，和平之目的不能达到……本人因故不能视事……决定身先引退，由副总统李宗仁代行总统职权。"

蒋介石被迫宣布"引退"后，躲在幕后继续操纵政权。

1949 年 4 月 23 日，中国人民解放军解放南京，国民政府被迫迁往广州，10 月下旬再迁重庆，11 月下旬又迁成都。蒋介石在大陆节节败退，最后已没有容身之地，只能把国民政府迁往台湾。当时的典玺官彭襄见大势已去，便称病滞留香港。

无奈之下，蒋介石只好亲自指派两员大将王唯石与朱大昌护送"国玺"逃往台北。王、朱两人临危受命，生怕"国玺"落入他人之手，于是决定搭乘军机，于受命当天黄昏飞抵海南岛，等候换乘去台北的飞机。因当时盗匪群起，安全得不到保证，两人把"国玺"藏在床下，持枪轮流看守，不敢离开房间半步。

几日后，他们终于搭上空军去台湾的飞机，顺利抵达嘉义机场。两人随后乘火车连夜赶往台北，携"国玺"至国民政府临时办公处所——圆山饭店，移交后完成使命。

1949年新中国成立前，国民党中执会代秘书长郑彦棻特别委托秦孝仪（时任蒋介石的侍从秘书，后任台北故宫博物院院长）经海口乘船，把"中国国民党之玺"和总统专用的"荣典之玺"这两枚玉玺带到了台湾。

至此，同根并蒂的"中华民国之玺"和"中国国民党之玺"再度重逢，民国玉玺的故事到这里也结束了。

荣典之玺

荣典之玺

拓展阅读

"荣典之玺"是中华民国（1912年—1949年）的国家元首授予荣典所用的印信，用于颁发勋章、发布褒奖令，于1931年7月1日启用，材质是非常珍贵的羊脂玉，重4.3公斤，玺身高4.6厘米，连玺钮部分全高为11.1厘米，玺面为13.6厘米见方，玺钮上刻有青天白日国徽，玺钮边并刻有太阳、龙身、祥云等饰纹，钮上系有宝蓝色丝穗。

其来源据说是时任新疆省政府主席的金树仁命令和阗县县长陈继善自民间征求玉材，1930年7月委派新疆省政府驻代表广禄、张凤水长途跋涉至南京献玉。1931 年元旦上午 8 时，国民政府主席蒋介石亲自接见二人，看过玉材后喜笑颜开，非常满意。

"荣典之玺"质地珍贵，玺面亦较一般印信为大，为避免玺身受损及保持印色着纸均匀，盖用时皆采用类似拓印方式，即先固定玺身，在玺面敷上印色后，将文件覆于玺面预定盖玺的位置，再于文件背面均匀施压而成。"荣典之玺"原件目前收藏于台湾，存放于特别定制的保险箱里。

第十三篇
"卅二万种"与神秘的
"国家翡翠工程"

上天赐给人间的瑰宝

今天给朋友们讲的是"卅二万种"的传奇故事。

话说几百年前，缅甸有一个产翡翠的老坑，在老坑的对面有一面峭壁，远远望去像一只开屏的孔雀。细长的峭壁是孔雀的头和颈，峭壁顶上的十几株小树是孔雀头上的冠翎，后面圆圆的山是它的身体，再后面一大片森林就是它张开的尾翎。更神奇的是，在孔雀的头顶上空，经常飘着漂亮的五彩祥云，随风舞动，蔚为壮观。

一天傍晚，突然狂风大作、电闪雷鸣，五彩祥云从天而降，落入老坑，发出惊天动地的轰鸣，沸腾起五彩云烟。

等到烟消云散，人们在老坑中发现了一块举世无双的巨大翡翠，种老肉细，色正水头足，所有看过的人都说这是"上天赐给人间的瑰宝"。

当地的首领后来把它高价卖给了一个中国马帮的大老板，足足卖了三十二万两银子，所以这块翡翠就叫"卅二万种"。

流离转徙，无处安身

后来这个马帮的老大犯了人命官司，为了保住脑袋才把"卅二万种"行贿给了云南总督，云南总督为了升官就把这块价值连城的翡翠原石进贡给了乾隆皇帝，想借此拍乾隆皇帝的马屁，万万没想到的是，乾隆帝喜欢和田玉不喜欢翡翠，这块巨型翡翠就这样被搁置在国库之中。乾隆皇帝也不会想到，这块"翡翠"会在他死后掀起腥风血雨，还引出了一项绝密工程。

1861年，咸丰皇帝驾崩，慈禧成了清朝的最高统治者。熟悉历史的朋友知道，慈禧虽是女人，但是特立独行，非常喜欢翡翠。

在慈禧掌权之前，翡翠其实算不上多珍贵，她硬是凭一己之力将其炒了起来，翡翠至此成为珠宝中的珍品，她还把乾隆留下的那块巨型翡翠原石切成六块，用其中的两块雕成各种宫廷器物。

到了清末乱世，剩余的四块巨型翡翠为各方势力所眼红，巧取豪夺的大戏开始上演了。清廷倒台后军阀混战，喜欢收藏翡翠的云南军阀龙云想方设法得到了这四块巨型翡翠。日军发动侵华战争后，派来日军间谍打探消息图谋争夺，因云南地形复杂，日军没能攻入昆明，此事不了了之。抗战胜利后，翡翠迷宋美龄听说此宝后要据为己有，龙云迫于蒋介石的淫威，只能忍痛割爱。这四块巨型翡翠又被国民党军从昆明押运到上海，宋美龄计划让上海的能工巧匠雕刻几件国宝级的翡翠。没过多久，解放战争爆发，随着国民党军势力日渐衰弱，最终决定南逃台湾。

1949年的黄浦江码头上，逃往台湾的最后一班船已人满为患。船只严重超载，急需减轻重量，可船上的人谁都不舍得将行李丢弃，危急关头，船长不由分说拔出手枪，让十几个士兵将四个最沉的箱子推下了黄浦江，里面装的正是这四块巨型翡翠原石。

不久，解放军进城后，听说黄浦江里有国民党军队扔下的四个大箱子，怀疑是定时炸弹之类的东西，于是安排士兵打捞出来抬到岸上，打开箱子后发现是四块石头，正想再扔回江里时，刚好新上任的陈毅路过此处。陈毅见多识广，一眼就看出不对劲，后来请珠宝行的老板查看后，认定其为罕见的翡翠国宝。因事出蹊跷，陈毅向周恩来总理报告了此事，引起周总理的重视。周总理也听说过这几块巨型翡翠，知道是极为难得的国家财产，很有可能成为国之重器。于是，总理下令将"卅二万种"从上海运到北京，时机成熟时，可以把这四块翡翠雕成艺术瑰宝。

不久后，四块巨型翡翠在重兵护送下，搭专列运往北京，并存入国家物资储备局的仓库内。这一过程极为隐秘，外界几乎无人知晓，此后30多年不再有人提起。正因如此，民间关于这四块巨型翡翠的下落众说纷纭，传得神乎其神。

寻找惊世翠宝

转眼 30 年过去了，到了 1980 年，在一次北京市人大会上，北京玉器厂的玉雕大师王树森提出了寻找"卅二万种"的愿望，他说："我们的国家现在百废待兴，百业待举。但如今玉雕业的老手艺人均垂垂老矣，我今年已经 73 岁了，唯愿有生之年，能找到这 4 块翡翠，用平生所学之绝艺，造就出惊世翠宝，以报效国家，死而无憾啊！"说到动情之处，老人声泪俱下。

在场的报社记者甚为感动，第二天《宝石何在》的文章见诸报端后，马上引起轰动效应。

令王树森没想到的是，奇迹很快发生了，几天后，有一个国家物资储备局的处长拿着介绍信来到北京玉器厂，点名要找王树森。

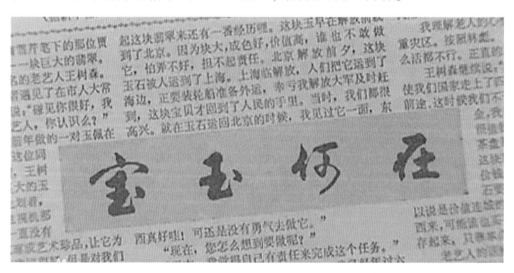

《宝玉何在》文章

王树森

那是 1982 年秋季的一天，王树森和两位弟子就这样被一辆面包车拉走。绿色的车窗帘拉得很严实，任何人不许拉开帘子往外看。就这样，车子一路飞驰，等王树森和两位弟子下车后，出现在眼前的是一个巨大而隐秘的山洞，4 名荷枪实弹的解放军战士在洞口站岗。走进山洞，带路的那个处长才告诉王树森，请他来的目的就是鉴定和制作那四块巨型翡翠。

随后，他们来到山洞深处的一个库房，厚重的大铁门徐徐推开后，他们看到了库房中央四个尘封多年的木箱。木箱打开后，在几只大灯的照射下，沉睡了三十多年的四块巨型翡翠终于现身了！

　　他们将这四块翡翠料拼起来发现，原来这是一块完整的美玉，更难得的是，这四块罕见的巨大翡翠的质地非常好，色泽通透，纯净细腻。在那块最大翡翠的侧面石皮上，赫然写着四个繁体汉字："卅二萬種"！

　　魂牵梦绕的稀世珍宝就在眼前，王树森用手轻抚玉料，那一刻老泪纵横，泣不成声……

国家翡翠工程

1982 年 6 月，国家有关部门开始对这四块翡翠进行鉴定、评估，以及题材审议和工艺设计，计划制作成大型翡翠艺术品。

1985 年，由国务院张劲夫、田纪云、万里三位副总理签署文件，组织力量将这四块翡翠琢治成代表新中国最高工艺水平的国宝，原定 1986 年完工，因此命名为"86 工程"，也叫"国家翡翠工程"，因各种技术原因，"国家翡翠工程"延至 1989 年底才完工。

这四块翡翠被运到北京玉器厂后，由全国知名的画家、雕塑家、文博专家组成的顾问团成立，其中包括当时的美协副主席、雕塑家刘开渠，故宫博物院副院长、玉器专家杨伯达，国家文物局专家王世襄，画家黄胄，书法家启功等。各方专家围绕"将翡翠原石制作成什么样的国宝"展开了激烈讨论，最后综合成 64 个制作方案。

在国家有关部委的支持下，北京玉器厂又集合全国玉雕界的能工巧匠组成创作班子，对 64 个方案、150 多张图纸，一次又一次地筛选，一次又一次地修改，当专家组最终确定 4 个方案时，已是 1985 年。三年的精心设计，为的是不在宝玉上出现一次差错、留下一点遗憾。最后的决定是用宝玉做一个花篮、一件器皿、一扇屏风、一座玉山子。

接下来，以王树森先生为首的国家级工艺美术大师三人、北京市工艺美术大师五人，以及其他玉雕技术能手共计六十余人组成的"国宝班子"，在北京玉器厂内的三层独栋小楼开始了潜心创作，精雕细琢，根据原石的形状尽量做到不浪费、一笔一刀都力求完美。

　　经过 3 年多的时间，这六十多位老中青三代技术精英，终于将这四块翡翠原石雕琢成代表当时最高艺术成就的"国宝"，著名书法家欧阳中石为四件国宝题写了充满诗意的名字，分别是："群芳揽胜""含香聚瑞""四海腾欢""岱岳奇观"。

　　这一工程从设计到竣工历时 8 年，四大国宝横空出世，每一件都代表着中国玉雕的最高技艺，堪称精妙绝伦。为此，大师们都付出了太多的心血。令人遗憾的是，在制作期间，先是王树森的得意弟子陈长海劳累过度去世。不久，王树森也因病逝世了，未能看到自己呕心沥血的作品完成。

中华民族的珍宝

1989年11月23日，中华人民共和国国务院组织召开了大型翡翠艺术珍品鉴定验收会，经专家鉴定确认：四件大型翡翠玉器为国家级珍品，是中国工艺美术的骄傲，是老、中、青三代玉雕大师智慧、情感、才华、心血的结晶。

现在我们一起来欣赏这四件"国宝"。

"一号料"重363.8公斤，是四块翡翠原石中最大的一块，切割后设计为"岱岳奇观"，这类雕刻作品在业内称为"山子雕"，代表玉器琢制的最高水平，是中国山水画的立体再现，历史上只有扬州的工匠掌握这门绝技，在清朝后期就已失传。

张志平是这件玉山子的主创，他把人生美好的9年时光给了这件流芳百世的国宝，硬是摸索出了失传200多年的"山子雕"的技艺精髓。为了立体呈现中华民族心中的圣山，他和设计组的人员三登泰山体会那种"会当凌绝顶，一览众山小"的恢宏气魄，寻找那种开阔、宽广、崇高、通天一柱的感觉。他勇于打破传统山子雕的美学理论，大胆创新，用一种开放式的造型，表现泰山的雄浑险峻和奇伟壮阔，"岱岳奇观"由此横空出世。

这件作品高78厘米，宽83厘米，厚50厘米，以珍贵的翠绿充分表现泰山正面的景色，因为原料的两面翠色不一，张志平借鉴了唐朝诗人杜甫《望岳》中"阴阳割分晓"的意境，突出了十八盘、玉皇顶、云步桥等奇景，留给人们无限的想象空间，让思绪在意境中纵横驰骋。

岱岳奇观

　　"二号料"高71厘米、宽56厘米、厚40厘米，重274公斤，是四件
国宝中最精美的一件，有个非常好听的名字叫"含香聚瑞"。主创是蔚长
海，他在当时虽然算是小字辈，但在北京玉器行中，他的炉瓶器皿是最出
名的，因此由他担任这件国宝的主设计。最初时，王树森提议做成"睡

狮猛醒",寓意中华民族的崛起,但蔚长海却提出了一个更为复杂的方案"花熏",做成两个半圆合成的圆球体,集圆雕、深浅蓝浮雕、镂空雕于一体,综合体现了中国当代琢玉技艺无可比拟的高、精、尖水平。最终,专家组根据量料取材的原则,同意了蔚长海制作"花熏"的方案。香熏古时用来内置块香,点燃后从空隙处逸出袅袅香烟。

这件"国宝"大功告成时,全体评委无不惊艳叫绝。"含香聚瑞"采用了套料工艺,花熏的盖由主身中掏出,盖中的料则掏出来做底足,这是中国玉器艺术的高难技艺,由于中间掏空,内部的绿全部亮出来,充分展示了翡翠最漂亮的色彩,表现出一种皇家的典雅和华丽,就连最挑剔的玉器大师也挑不出任何问题。在四件翡翠国宝里,"含香聚瑞"的造型和雕刻艺术,是制作最精美的一件,也是艺术成就最高的一件。

"三号料"重87.6公斤,这块料因为颜色多变,裂绺较多,品质相对较差,原打算作为另三件的辅料使用。后来,"创作班子"开会讨论时,有人说咱们把国家给的四块翡翠做成三件"国宝",恐怕不好向国家交代呀,正在进退两难之时,化腐朽为神奇的人物出场了,他就是玉雕界的老字辈大师,京城玉器行中做花卉的高手——高祥。

当拿到那块足有3厘米厚的黑皮翡翠料时,高祥颇费了些心思。翡翠的色泽鲜艳,琢治的关键也在于巧用色。凭着丰富的经验,他判断翡翠的黑是因为绿色集中造成的。如果切得薄些,这种黑绿色的料就会亮出非常漂亮的绿色。事实证明高祥的判断是准确的,他花了整整八个月的时间完成了一个翡翠花篮。花篮高64厘米,其中满插牡丹、菊花、月季、山茶等四季香花,是当今世界最高大的翡翠花篮。这只花篮的两条玉链各40厘米,各含32个玉环。切成薄片的翡翠料做成精致的提梁和链环,再雕出一片片翻卷的花瓣,栩栩如生的牡丹花在花丛中,光线照耀下的翡翠闪动出青翠欲滴的绿色,美得让人心醉。而没有切割的花篮雕刻成八角竹编

含香聚瑞

形状，新颖的造型和绿中带黑的色彩显得沉稳端庄，更增添了整体和谐感。

试想，能将又硬又脆的翡翠雕刻成一枝枝活灵活现的"鲜花"，工艺复杂程度可想而知。其实，工艺复杂对于高祥来说并非重点，这位大师还有更高的追求，他不仅要把"花"雕得栩栩如生，还要做到完美。将翡翠做成"插花"，最难之处在于配色，需要特别说明的一点是，翡翠的本质是石头，可不是随手调换的鲜花，要将石头调配成插花，这在玉雕圈内是不可能的事情，但高祥大师做到了，在他巧夺天工的妙手下，几乎被放弃的"三号料"，最后反倒雕出一件惊世作品翡翠花篮——"群芳揽胜"。

"四号料"被切割成四大片，根据翡翠的纹理拼接成一块翡翠插屏。插屏高74厘米，宽146.4厘米，厚1.8厘米，是当今世界上最高大的一个翡翠插屏，整体画面以中国传统题材的龙为主题，9条翠绿色的巨龙在苍茫的云海里翱翔，气势磅礴，这块插屏有个非常好听的名字，叫"四海腾欢"。

这件国宝的主创是郭石林，当年他刚40岁出头，在创作班子里算年轻人。当初他拿到的"四号料"最为棘手，因为这块原材料的右侧面有7厘米左右的裂缝，而且还有一大块瑕疵，为此创作班子曾多次开会讨论。最初多数人建议将瑕疵切割掉，郭石林却主张保留，用他的话说，瑕疵就像美人脸上的痣，处置得当不但不会破坏形象，反而会增加特殊的美感，此言一出全场皆惊，这可不是普通的玉器雕刻，而是在创作"国宝"，但郭石林却坚持保留那块瑕疵。

事实证明，郭石林的坚持是对的，当他把近9厘米厚的翡翠料切成四片展开后，有瑕疵的部分在整体中已经不显眼，而且正好适合俏雕镶嵌在图案中。在讨论屏风的设计题材时，又出现了各种各样的声音。有主张做红楼梦题材的，有建议做八仙过海的，也有人提出做丝绸之路，但是在郭

群芳揽胜

石林心目中，这些题材略微有些"俗气"。最后，还是由王树森拍板决定，题材为能代表中华民族精神的龙。

等到这件国宝出场时，全场人无不为之惊愕，实在是太漂亮了！郭石林把绿色翡翠雕成龙，白色雕成云雾和水浪，九条龙或在云雾中穿行，或在水浪中翻腾，威猛身姿若隐若现，既给人以神秘感，又显大气磅礴，那块瑕疵则化作精美的纹饰，令众人惊叹其"天造之美"，这件作品被公认为当代玉器浮雕题材的巅峰之作。

1989 年 11 月，国务院原副总理张劲夫，北京市原副市长吴仪，轻工业部、文化部、财政部、物资部的领导，故宫博物院、中央美院、中央工艺美院、国家文物研究所的专家学者，代表国家对这四件大型翡翠艺术品进行鉴定验收。验收完成后，这四件无与伦比的翡翠国宝被陈列在中国工艺美术馆的"珍宝馆"中，每天都有来自海内外的观众慕名参观学习，

四海腾欢

争相一睹真容。

1989 年 12 月，国务院颁发嘉奖令，通令表彰为制作翡翠国宝作出突出贡献的创作人员，褒奖他们辛苦的付出与杰出的成就。

令人惋惜的是，在此次嘉奖前，王树森大师却走完了他与玉相伴的一生。当时的他重病在身，一定要让徒弟们把他抬到玉器厂最后看看这四件国宝。在他去世前一个月，他的爱徒陈长海因劳累过度去世，王树森得知消息后伤心不已，不久之后也在家中去世。

当我们在中国工艺美术馆看到这四大翡翠国宝，被它们震撼的同时，请大家不要忘记这背后饱含着无数玉雕匠人的默默付出！在玉雕师的心中，"卅二万种"是上天赐给人类的自然之宝，他们用世代传承的玉雕工艺，将积淀了几千年的玉文化雕琢其中，使之成为人类的艺术之宝，是国家的大事，也是人生的幸事。为了这四大国宝，这些玉雕师们不仅付出了自己的全部心血，而且还付出了宝贵的生命，他们值得我们钦佩和怀念。

"卅二万种"从开始被挖掘出来，到"岱岳奇观""含香聚瑞""群芳揽胜""四海腾欢"四件国宝问世，前后经历了一百多年，跨越了两个世纪。虽然身世坎坷，几遭厄运，但最终还是成为中华民族的珍宝，以辉煌的身份和最高的荣誉，被请进中国工艺美术的最高殿堂，这也是它们最好的归宿。

拓展阅读

"山子雕"是我国传统玉雕中的一种特殊工艺，能使玉料获得最高利用率的艺术创作技巧和表现手法，多用于表现山水人物题材，要求创作者有较高的美术造型能力和深厚的文学艺术修养。

创作时先按玉料的形状、特征等进行构思，使料质、颜色、造型浑然一体，然后按"丈山尺树、寸马分人"的法则，在玉石料上或浮雕，或深雕；使山水树木、飞禽、楼台、人物等形象构成远、近景的交替变化，以取得材料、题材、工艺的统一。

"山子雕"的工艺技术，继承了玉雕中的浮雕、圆雕、镂空雕等传统技法，并得以发展。如浮雕技术中则将浅浮雕、深浮雕、阴刻、阳刻、线刻等多种技艺相结合，在构图设计上运用国画的写意、线描的写实以及建筑透视技巧，使作品层次清楚，章法合理，造就出比较完整的令人神往的艺术场景。

第十四篇
从玉璧到国徽

　　国徽是国家的重要象征！

　　每当我们看到庄严的国徽，耳边响起震撼人心的国歌时，我们都会心潮澎湃、热血沸腾。庄严的国徽就像一盏明灯，照耀着国家的未来；就像一部史册，记录着国家的历史进程。

　　一个国家的正式成立，都以国徽的确立为重要标志，国徽图案既要体现这个国家的执政理念，也要蕴含这个国家独特的历史文化内涵。在全国政协礼堂的资料库里，存放着一份弥足珍贵的国徽设计图稿，这份图稿记录了代表民族精神的玉璧与代表国家形象的国徽之间特殊的历史交集。

没有国徽的开国大典

1949 年，新中国宣告成立前夕，急需能代表新中国的国徽。其实国徽的设计问题，在 6 月 15 日开幕的中国人民政治协商会议就已经开始筹备了。7 月 9 日，会议决定由翦伯赞、蔡畅、李立三、叶剑英、田汉、郑振铎、廖承志、张奚若八人做评委，共同评选国徽设计方案。

7 月 10 日，全国政协筹备会在《人民日报》等各大报纸发布公告，刊出了征集国徽、国旗的图案，还有国歌歌词的启事，一时间响应者云集。

国徽征集第一阶段的截止日期是 8 月 20 日，入围作品须满足三个条件：

一、具有中国特征；

二、具有政权特征；

三、形式庄严富丽。

为了保证设计的艺术性，全国政协筹备会还专门聘请了徐悲鸿、梁思成、艾青这三位文化名人当顾问把关，到了截止日，共收到应征国徽图案900 余件，从中选出 28 件送国徽评选小组初选，但大家看后都觉得不满意，这 28 件作品均被淘汰。

9 月 25 日，国家领导人专门在中南海召开会议，讨论新中国的国徽、国旗、国歌等事项。国旗和国歌很快取得了共识，唯独关于国徽的图案，大家讨论了半天还是意见不统一，没能确定下来。毛主席提议国徽的设计可以缓些时日，其他人也认为国徽事关国家形象，意义重大，草率不得，得通过动员各方面的力量，设计出让大家都满意的国徽图案。

9月27日，第一届中国人民政治协商会议第一次全体会议讨论并通过了国旗、国都、纪年和国歌四个决议案，只有国徽成了最后悬而未决的难题。

正是因为这个特殊的原因，1949年10月1日这天，新中国举行开国大典之时，天安门城楼上也没能悬挂代表新中国的国徽，给国人留下了深深的遗憾。

周总理点将设计国徽

国徽的事情迟迟未定，时刻牵动着周恩来总理的心。

全国政协召开首届全体委员会议时，在周总理的建议下，主席团决定继续向社会征集设计方案外，再邀请一些专家另行设计国徽图案。于是，著名建筑学家梁思成和中央美院美术系主任张仃都出现在了邀请参与国徽设计的专家名单上。

梁思成当时任清华大学营建系主任，行政和教学事务繁多，很难抽出大块时间从事具体的设计工作，他主要承担组织领导的工作，大量的具体设计工作基本由林徽因和她的助手完成。

当时林徽因身体有恙，正在家中养病。于是，她家里的客厅变成了"设计作坊"，有时她只能仰坐在床上设计，"工作台"就是腿部上面搁一块木板，即便是在如此简陋的条件下，她也废寝忘食地查找资料，边画边修改，完全忘记了自己重病在身。

经过一个多月的奋斗，10 月 23 日，林徽因主持设计的以玉璧为主体的国徽图案完成了第一稿。在新中国的国徽设计中，林徽因提出了许多新的构思，在说明书中配有详尽的图稿。

在《拟制国徽图案说明》中，她是这样介绍的：图案以一个玉璧（或瑗）为主体，以国名、五星、齿轮、嘉禾为主要题材，大小五颗金星是采用国旗上的五星，金色齿轮代表工，金色嘉禾代表农，颜色用金、玉、红三色；整体以红绶穿瑗的结衬托而成汉镜般的整体图案，象征光明。嘉禾抱着璧的两侧，缀以红绶，红色象征革命，红绶穿过小瑗的孔成一个结，象征革命人民的大团结。璧是我国古代最隆重的礼器，《周礼》中记载："以苍璧礼天。"《说文解字》中："瑗，大孔璧也。" 这个玉璧是大孔的，所以也可以说是一个瑗。《荀子·大略》篇说："召人以瑗。" 以瑗召全国人民，象征统一。璧或瑗都是玉制的，玉性温和，象征和平。璧上浅雕卷草花纹为地，是采用唐代卷草的样式。

汉代玉璧

这套方案的创新点在于首次将代表中华民族精神的玉融入国徽设计当中。国徽的主体是一个玉璧，玉璧是玉制六礼器之一，是中国古代玉文化中最为核心的一种祭祀玉器，在它绵延5000多年的历史长河中，在中国传统的文化理念和文明开启中，玉璧象征着高贵而又神圣的品质，它将玉文化潜移默化地融入了华夏民族的历史血脉之中。古代的玉璧选料十分考究，中国的辞书之祖《尔雅》中有这样的记载："肉倍好谓之璧，好倍肉谓之瑗，肉好若一谓之环。"

我们从方案中可以看到，林徽因不但使用了玉璧作为主体，还体现了唐代的卷草样式，并且首次把五角星也放入了国徽当中，达到一种庄严与传统结合的效果。

政协常委们普遍认为这个方案格调高雅，散发着浓郁的古典情调，突出了中国传统文化的内涵。但是，总体感觉没能明确体现出中国共产党领导的新民主主义革命，政协常委们感觉这个方案有些美中不足，因此并未采纳。

中央美术学院组提交的第一个国徽设计方案：国徽图案以标有红色中国版图的地球、五角星为主体，配以齿轮、嘉禾、红绶。这个方案共拟有五个版本的图案，是根据张仃刚完成的全国政协的会徽略作调整设计而成的，颜色用朱、金、青三色。政协常委们认为这款国徽设计虽然体现出"共产主义光芒普照全球"，但是不足之处是中国五千年的悠久历史和文化并没有得到体现，因此也没有采纳。

这两个设计方案虽然未获通过，但比之前从社会上征集的方案已经有了很大的进步，中央领导建议在现有基础上按照总体要求修改。

经过漫长的反复讨论，国徽的最终方案集中在两个设计组的提案上，一个是以梁思成和林徽因为代表的清华大学设计组（以下简称清华大学组），一个是以张仃和钟灵为代表的中央美术学院设计组（以下简称中央美院组）。

经过一场又一场的讨论，一张又一张的图纸，一次又一次的修改后，清华大学组的设计思路越来越清晰了。为了将这些构想实现，梁思成和林徽因通宵达旦地工作着，完全顾不得自己的身体了。林徽因后背垫着枕头工作，累得实在是撑不住了，就平躺下去喘几口气，不一会儿又起来继续画。

有一次，林徽因的女儿梁再冰出差回来，一进家门大吃一惊，家里的地板上堆满了各个国家国徽资料、讨论的草图、设计的图纸，像一个设计国徽的小作坊，她连一个下脚的地方都没有。

又经过 3 个多月的奋战，清华大学组最后的方案才终于出来。可就在最终评选的那天，梁思成和林徽因双双病倒了，只好委托秘书朱畅中去参加评选。

日月合璧，大功告成

1950 年 6 月 15 日，全国政协国徽组第一次会议召开，清华大学组的设计稿与中央美院组完成的设计稿一起，交由全国政协常委会讨论。评审的委员们在这两个国徽图案之间来回穿梭，热烈地讨论着各自的特点，有的支持清华大学组，有的支持中央美院组，朱畅中心里没底，额头直冒汗。

没过多久，周总理也过来了，他让大家畅所欲言，发表一下意见。

大多数委员认为这两个方案各有特色，建议会合双方的长处，吸取两个小组的精华。周总理最后决定清华大学组可将其方案中玉璧外圈与天安门图案合并，中央美院组当日提供了其方案中天安门的正立面彩色修改稿。

1950 年 6 月 17 日，梁思成、林徽因带领的清华大学营建系国徽设计小组提交了第二稿设计方案，将金色五星、天安门作为主体图案，选择红、黄两色为国徽的基本色彩。

1950 年 6 月 20 日，第一届全国政协国徽审查会议对两个设计组提供的候选方案进行审议，多数代表赞同清华大学组的设计，并决定以该方案为基础制成国徽。

1950 年 6 月 23 日，全国政协一届二次全体会议将作出最后决定。毛主席主持通过决议，同意国徽审查组的报告和所拟定的国徽图案，这就是我们今天看到的国徽。在这神圣的庄严时刻，特邀出席大会的林徽因泪花簌簌，国徽设计也成为她事业的巅峰。

1949年10月林徽因
等提交的第一个
国徽设计方案

1950年6月林徽因等
修改后提交的
国徽设计方案

国徽原型
（政协档案馆藏）

1949年9
月25日
张仃等
方案

1949年10
月23日
林徽因等
方案

1950年6
月15日
张仃等
方案

1950年6
月17日
清华营建
系方案

1950 年 9 月 20 日，中央人民政府主席毛泽东发布中央人民政府令，将这一设计定为国徽。国徽的设计过程前后历经了近一年的时间，从毛主席、周总理，到普通百姓，都在关注着这件国之大事，也牵动了全国人民的心。对于中华民族来说，玉，不仅是一种物质层面的石头，它早已成为中华民族的血脉基因，是国家精神和图腾中不可分割的一部分。

1991 年 3 月 2 日，中华人民共和国第七届全国人民代表大会常务委员会第 18 次会议通过了《中华人民共和国国徽法》，并由中华人民共和国主席颁布主席令，自 1991 年 10 月 1 日起施行。

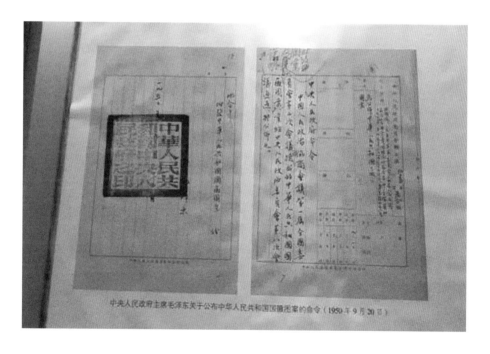

中央人民政府主席毛泽东关于公布中华人民共和国国徽图案的命令（1950 年 9 月 20 日）

当我们回顾半个世纪前国徽诞生的过程，这段关于国徽图案征集的往事令人回味无穷。我们会惊奇地发现，华夏民族的文明始终与玉文化息息相关。玉，能够成为国徽的核心创作元素，见证了中华民族的崛起与走向富强之路，也见证了无数中华儿女为国家的伟大复兴前赴后继、拼搏奋斗的美好品德与情操。

第十五篇
改变奥运会奖牌历史的
"金镶玉"

　　奥林匹克运动会是全世界规模最大、影响力最大的体育盛会，也是促进各国人民之间的相互了解，维护世界和平的国际社会运动。

　　1896年4月6日，在希腊雅典举行的第一届现代奥林匹克运动会上，美国小伙詹姆斯·康诺利站在了潘纳辛纳科竞技场三级跳远比赛场地。两次深呼吸后，康诺利开始助跑，起跳……

　　13.71米！奥运会历史上诞生了第一个世界冠军。康诺利获得了一枚银质奖牌和一个橄榄枝做的花冠。从那一刻起，奖牌作为奥运历史上不可或缺的体育文化元素延续至今，凝聚着运动员毕生的梦想。

　　从1928年阿姆斯特丹奥运会开始，奥运会奖牌正面的图案背景是古罗马圆形竞技场，图中还有意大利艺术家朱塞佩·卡西奥利设计的希腊神话中举着花环坐在中间的胜利女神。

　　从1972年起，卡西奥利的设计一直用于奖牌的正面，背面则由奥运会举办国加上自己的设计，力图在奖牌背面做足文章，充分展示本国历史和文化。

　　2004年，国际奥委会又统一了奖牌正面图案设计，变成站立且插着翅膀的希腊胜利女神和希腊潘纳辛纳科竞技场，冠军奖牌还要镀有不少于6克的纯金，留给举办国发挥的空间被限制在奖牌的背面。虽然历届奥运会举办国都力图在奖牌设计上推陈出新，但以往奥运会的奖牌在材质的使用上均没有突破，无非是金、银、铜，直到2008年第二十九届北京奥运会，才发生了翻天覆地的变化。

　　时间拨回到2001年7月13日，在莫斯科召开的国际奥委会第112次全会上，北京取得了 2008 年夏季奥运会的举办权，这也是中国第一次取得奥运会的举办权。

国际奥委会对于北京奥运会奖牌设计提出两点最基本的要求：第一，要特别，与以往的奥运会都不一样；第二，希望它有中国特色。

2006 年 1 月 11 日，北京奥组委面向世界公开征集北京奥运会奖牌设计方案，并定向邀请中央美术学院、清华大学美术学院、中国印钞造币总公司等 11 家专业机构参与奖牌设计工作。

北京奥运会奖牌的设计工作就这样紧锣密鼓地展开了。所有人都很好奇，都在关心下面的问题：在有限的时间里，北京奥运会的奖牌设计将如何突破传统，展现给世界怎样的奥运理念？在有限的空间里，什么样的材料和图形才能完美地展现中国古老的文明呢？

和田玉与奥运会的美丽邂逅

中央美术学院的团队起初是由 15 名成员组成的，分成 4 个小组，其中大多数人还是在校学生，2007 年春节后集中在一个不足 20 平方米的小屋里，以近乎疯狂的工作状态，不到一个月的时间里，拿出了 100 多个设计方案。

接下来是头脑风暴阶段，从讨论到争论再到辩论，小屋里火药味十足，有吵翻的成员直接摔门退出了。最初的一百多个设计方案被删减或合并，设计团队也从最初的四个组变成两个组，最终变成了一个组，一百多个方案也压缩至 34 个，后来又压缩到个位数，但大家还是觉得不满意。

他们找来了各种中国传统图案，希望从中找到思路。一个大胆的设想出现在团队的头脑中，为何不在奖牌中融入中国的玉文化呢？为什么不直接用玉和金属结合来制作奖牌呢？

这个创意到底是谁想出来的呢？直到现在都是一个谜！

因为后来媒体采访这个团队的诸多当事人时，没人能说出当时具体是谁想出来的创意，总而言之是集体智慧的结晶吧。

创意虽然有了，但大家又有些担心。

奥运会已历经百年，奖牌图案虽然不断变化，但始终不变的是它的材质，人们还没有看到过金属材料之外的奥运奖牌，一块美玉将打破百年奥运的奖牌传统，以中国专家为主体的评委会认同这种突破吗？国际奥委会能接受这样大胆的设计吗？这种突破是简单地打破形式上的陈规，还是以中华文明的博大精深完美诠释奥林匹克精神？

经过近 3 个月的征集，北京奥组委收到来自中国 25 个省区市、香港特别行政区以及美国、澳大利亚、俄罗斯、德国等国家的应征作品 265 件。创作者除来自上述国家和地区外，还有匈牙利、印度尼西亚、以色列、芬兰等国家。随后，由国内艺术、雕刻、造币等领域的专家学者组成的评委会对应征作品进行了初评，符合要求的有 179 件，其中有 10 件作品进入复评。

进入复评的作品中，有的采用了天坛、长城、天安门为创意基础；也有以北京奥运会主体育场"鸟巢"为创意的。在这 10 件作品中，用传统的玉璧造型设计的"金镶玉"方案让许多评委眼前一亮，因为这样的奖牌是奥运会历史上从来没有过的。

金张扬，玉含蓄，镶嵌在一起叫金玉良缘，看上去美轮美奂。这一设计不仅符合国际奥委会的相关规定，也彰显了玉的高贵品质，体现了中国人对奥林匹克精神的礼赞和对运动员的最高褒奖。"金镶玉"的奖牌不仅是对运动员个人荣誉的认可，更融合了中国博大精深的文化内涵，用这种奥运奖牌奖励获胜的运动员，让这些获胜者佩戴中国特色的奖牌返回故乡，带走中华儿女对奥林匹克运动的祝福，那将是多么温馨完美的画面啊！

这是让所有人惊叹的杰作，获得了评委们的一致认可。

复评到最后，从这 10 件作品中挑选出 3 件推荐给北京奥组委执委会讨论。第一个作品是"圣火"，设计者用书法来体现火焰，很有想象力，但火焰的笔法有些凌乱；第二个作品是"云纹"，气势恢宏，看上去很有力量；第三个作品是以玉璧为核心的"金镶玉"，设计风格最特别、最中国化，因为玉是中国传统文化的代表，中国人以玉比德，金玉结合体现了中华民族的价值观及对运动员的尊重和礼赞。尽管其他作品各具特色，最终还是敌不过"金镶玉"带给评委们的震撼。

别的国家也产玉，但是没有一个国家像中国这样，有八千年用玉的历史，有至少五千年玉文化的深厚底蕴。中国人认为玉是集天地灵气，日月精华于一身的，我们的先祖曾以玉作为礼器使用，祭天礼地都是用玉。玉是美丽又坚硬的石头，雕琢和打磨的过程，就是对自我的塑造和对困难的征服，很好地体现了奥林匹克精神。

玉有五德，契合奥运五环的人文精神理念。取玉之仁，润泽而温，代表奥运精神的博大包容；取玉之义，平和友善，代表奥运精神的团结友爱；取玉之志，超越自我，代表奥运精神的锐意进取；取玉之勇，不屈不挠，代表奥运精神的"更快、更高、更强"；取玉之洁，洁净无瑕，代表奥运精神的公平、公正。

如果把玉创造性地运用于奥运奖牌之中，会显得很特别，既象征着中华文明，也诠释着团结友谊的奥林匹克精神，这样的设计将让奥运盛典首次融入中国文化的特质。

"金镶玉"奖牌的设计既体现了对获胜者的尊重，又是一件精美的工艺品；既遵循了国际惯例，又增加了中国特色，完美地表达了进入21世纪的中国人对奥林匹克精神的独特诠释。

2007年1月11日，北京奥组委执委会选定了这套设计方案。

2007年2月8日，北京奥运会奖牌实物样品被送到了国际奥委会执委会，执委会很快批准了北京奥运会的奖牌设计。在他们发来的确认函中称赞道："北京奥运会奖牌将被证明是一件艺术品，它很高贵，是中国传统文化和奥林匹克精神的结合。我们对北京奥运会奖牌设计方案的成功表示祝贺！"

就这样，当和田玉与奥运会发生美丽邂逅，一块镶嵌着美玉的奥运奖牌诞生了！

"金镶玉"奖牌的出现，改变了百年奥运的历史

　　2007年3月27日，北京奥运会倒计时500天之际，在古朴又现代的北京首都博物馆里，北京奥组委隆重发布奥运会奖牌式样。当三块镶嵌着美玉的奥运会奖牌展现在众人面前时，所有人惊叹不已！

　　以往奥运会的奖牌直径都在60毫米左右，而北京奥运会奖牌直径为70毫米，厚6毫米，看上去非常大气。

　　奖牌正面为国际奥委会统一规定的图案——美丽的希腊胜利女神与希腊潘纳辛纳科竞技场，背面镶嵌着取自中国古代龙纹造型的玉璧，背面正中的金属图形上镌刻着北京奥运会会徽。用以悬挂奖牌的挂钩是另一个亮点，这项设计由中国传统玉双龙蒲纹璜演变而成，其形状似双龙聚首，又似祥云浮空，是中国汉朝时期的代表物品。

　　整个奖牌尊贵典雅，中国特色浓郁，既体现了对获胜者的礼赞，也形象地诠释了中华民族自古以来以玉比德的价值观，是中华文明与奥林匹克精神在北京奥运会中的"中西合璧"之作。

　　中国古代龙纹造型的玉璧、充满动感活力的中国印、中国传统玉双龙蒲纹璜，当这些元素完美地集合在一块奖牌上时，只能用精美绝伦的艺术品来描述这项神奇的设计。

　　金牌用白玉，银牌用青白玉，铜牌用青玉。这三种玉的颜色分别与奖牌三种金属部分的颜色搭配最合理，反差最大，形成最佳的颜色搭配效果，金玉异彩，交相辉映。同时，从白玉、青白玉到青玉的价格依次降低，也恰好与金、银、铜牌的奖项由高到低是一致的，这真是金和玉的完

2008 年北京夏季奥运会 "金镶玉" 奖牌

美结合。

　　一块镶嵌着美玉的奥运会奖牌将是对运动员不断拼搏、不断向上的精神的最佳褒奖。北京奥运会奖牌在传统的金属牌上第一次创造性地使用了中华美玉，把中西方文化完美地结合起来。奥林匹克精神与和田美玉蕴含的美德将激励着运动员们在赛场上以美玉般纯净透彻的君子之心去迎接挑战。

　　青海省看到奥运会奖牌式样发布会的新闻后，立即发函给北京奥组委，愿意无偿提供产自昆仑山青海段的和田玉山料，作为制作 2008 年北京奥运会奖牌的玉材。专家组经过考察和论证后，认为产自青海的和田玉山料具有奥运奖牌所需白玉（金牌）、青白玉（银牌）、青玉（铜牌）的全部原料，于是决定采用。

　　奖牌用玉的质量要求包括颜色、质地、净度、裂隙等条件。颜色是奖牌用玉的首要条件，玉的颜色要求均匀，不能出现斑点状、条纹状或条带状等不同颜色分布的状况。奖牌所用的白玉颜色要求白、不能偏灰和偏黄。青玉则不能青得过重，否则颜色感觉发黑。青白玉是介于白玉和青玉之间的颜色，为灰绿色。

　　奖牌用玉的质地要细腻，肉眼见不到颗粒，只能在偏光显微镜下放大几十倍后才可看清矿物晶体。它是由无数个细小的透闪石和阳起石矿物晶体组成的。颗粒大小一般在 0.01~0.1 毫米之间，以纤维状交织在一起。这种结构特点，使其形成了强度高韧性大的特点，从高处掉在地上不易碎裂。

　　玉的净度是指含杂质多少的程度。用作奖牌的和田玉净度要好，不能含黑点、絮状物等杂质。

　　玉的检测方面，为保证奖牌用玉的质量及数量，有关方面对玉的原料进行了精选，对精选出的样品及加工后的玉环样品进行了室外及室内的综合性检测，所用检测方法除一般常规方法，还运用了偏光显微镜法、电子探针矿物成分分析法及红外光谱分析法等特殊方法，对玉中的矿物成分进行了精确测定和计算，对所有加工的玉环分批进行了检测验收，最后挑选出质量合格的玉环用于奖牌的制作。

　　往届奥运会上，出现过运动员获得奖牌后过于兴奋，将奖牌抛向空中落地而损坏的现象。北京奥运会奖牌因为镶嵌了玉，更须增大安全系数。为了提高奖牌的抗冲击性能，进一步完善结构强度，组委会组织专家对奖牌的金属与玉结合的安全性进行了多次工艺技术测试。实验证明，奖牌从两米高空下落做自由落体运动，落地后仍然完好无损。

2008年8月8日晚20时，举世瞩目的北京第二十九届奥林匹克运动会开幕式在国家体育场（鸟巢）隆重举行，时任国家主席胡锦涛出席开幕式并宣布本届奥运会开幕。具有两千多年历史的奥林匹克运动与五千多年传承的灿烂中华文化交相辉映，共同谱写人类文明气势恢宏的新篇章。

"这是一届真正的无与伦比的奥运会。"时任国际奥委会主席罗格先生如此评价北京奥运会。

这届奥运会共有204个国家和地区参加，有87个国家和地区在赛事中取得奖牌，共产生302枚金牌，303枚银牌和353枚铜牌，奖牌合计共958枚。

将和田玉创造性地运用于奥运奖牌之上，成就了中国文化对奥林匹克历史的又一重要贡献，中国古老文明也将因此在奥林匹克运动的史册上写下浓重的一笔。

"金镶玉"奥运奖牌也推动了中国玉文化的发展，实际上，还有很多奥运会纪念产品也是采用和田玉制作的。在北京奥运会之后，和田玉成为众多收藏者追捧的对象，价格一路上涨，这就是和田玉的奥运效应。

知识链接

山料：指的是产于昆仑山脉雪山上的原生矿石，又称山玉、碴子玉，古代叫"宝盖玉"。矿物组成以透闪石为主，莫氏硬度为5.5~6.5度，玉质为半透明，抛光后呈脂状光泽，以青玉和白玉为主。

狭义的和田玉山料：指产地为新疆境内的和田玉，特点是质地细腻且具有非常好的温润感，具有很高的艺术价值和收藏价值。

广义的和田玉山料：没有产地限制，与新疆境内出产的和田玉的矿物成分、比重、硬度、折光率基本相同的，目前产地主要有中国青海、俄罗斯、韩国、加拿大等，其品质均不如和田地区的玉石，因此价格方面存在很大的差异。

拓展阅读

"金镶玉"的出现也像许多发明一样，纯属偶然。相传春秋时楚国人卞和得美玉献给楚文王，琢成璧，称为"和氏璧"。此璧冬暖夏凉，百步之内蚊蝇不近，乃价值连城的稀世珍宝。秦朝统一中国后，"和氏璧"被秦始皇所得。始皇令人将其雕成玉玺，镌李斯所书"受命于天，既寿永昌"八字，再雕饰五龙图案，玲珑剔透、巧夺天工，始皇自是爱不释手，视为神物。汉灭秦后，"和氏璧"落刘邦手中，刘将其作为传国玉玺世代相传，一直传了十二代。至西汉末年，两岁的孺子婴即位，藏玉玺于长乐宫。时逢王莽篡权，王欲胁迫孝元皇太后交出玉玺。太后不从，一怒之下取出玉玺摔在地上，将之摔掉一角。

王莽见玉玺受损，连声叹息，忙招来能工巧匠修补，那匠人倒也聪明，想出用黄金镶上缺角的奇招，修补后竟也愈加光彩耀目，遂美其名曰"金镶玉玺"，这便是"金镶玉"的由来。

清朝乾隆时期，当时由外国进贡的玉器中，有一些具有伊斯兰风格的"痕都斯坦"玉器，其中就有几件金镶玉。看着这些莹薄如纸，镶嵌有金银丝和各色宝石的玉器，乾隆皇帝爱不释手！当即命内务府造办处仿制。宫中的玉师们用智慧和汗水，结合传统的玉雕宫廷技艺，终于创造出了具有皇家风格的"金镶玉"玉器。

清朝虽然早已退出了历史舞台，但金镶玉的制作工艺却被传承下来，并由宫廷走向民间，出现各种金镶玉的饰物。自古民间还有"有眼不识金镶玉"之说，比喻见识短浅、孤陋寡闻。

后记

2020 年秋，我历时三年创作的图书《玉经》出版后，在业内引起反响，诸多前辈和同行给予我肯定和鼓励，认为我对行业的发展作出了贡献，这样的褒奖着实令我欣喜。

为了更好地创作《玉的传奇故事》，我又投入了三年的时间和精力。白天忙于事务，晚上应酬又多，因此只能熬夜创作。有半年多的时间，我几乎每天工作到凌晨三四点，身体日渐消瘦，偶尔还会眩晕。

没想到书稿完成之日，就是我住院之时。2022 年 8 月，我接到军转办的通知去体检，到了腹部 B 超环节，女医生吓得大惊失色。我的胰腺检查出了问题，肿瘤已经长到了 4 厘米，占据胰腺的五分之一。因为胰腺被包裹在内脏中间，所以胰腺肿瘤在早期是很难发现的。胰腺癌是癌中之王，大多数患者确诊后已经没有手术的机会，生存期只剩百天左右，我当时已是"命悬胰腺"。万幸的是，我发现的不算太晚，虽然被确诊为恶性肿瘤，还有手术的机会。

人活在世上，都有自己的使命和责任，也许我的使命还没有完成，也许是我的责任还没有尽到，我的手术很成功，转眼半年多时间过去了，我的体重又回到了手术前的状态。

《左传》曰："太上有立德，其次有立功，其次有立言，虽久不废，此之谓不朽。"

中国历代有志向又有才华的人士，大多将"立德、立功、立言"作为人生的奋斗目标，作为实现人生价值的最高境界。

我虽不才，但有志向。既然大难不死，就要完成使命。希望这本《玉的传奇故事》能为玉文化的传承延续香火，能为玉器行业的健康发展正本清源，让我们充满希望的事业能越来越好！

胡　杨

癸卯年夏